MANUAL DE PREVENÇÃO E COMBATE A INCÊNDIOS

Dados Internacionais de Catalogação na Publicação (CIP)
(Simone M. P. Vieira – CRB 8ª/4771)

Camillo Júnior, Abel Batista
Manual de prevenção e combate a incêndios / Abel Batista
Camillo Júnior. – 16. ed. rev. – São Paulo : Editora Senac São
Paulo, 2021.

Bibliografia
ISBN 978-65-5536-774-4 (impresso/2021)
e-ISBN 978-65-5536-775-1 (ePub/2021)
e-ISBN 978-65-5536-776-8 (PDF/2021)

1. Incêndios – Combate 2. Incêndios – Prevenção I. Título

21-1339t	CDD – 628.925
	BISAC TEC017000
	TEC045000

Índices para catálogo sistemático:

1. Combate a incêndios   628.925
2. Prevenção de incêndios   628.925

MANUAL DE PREVENÇÃO E COMBATE A INCÊNDIOS

Coronel PM Abel Batista Camillo Júnior
Polícia Militar do Estado de São Paulo (PMESP)

16ª edição revista

Editora Senac São Paulo – São Paulo – 2021

ADMINISTRAÇÃO REGIONAL DO SENAC NO ESTADO DE SÃO PAULO

Presidente do Conselho Regional: Abram Szajman
Diretor do Departamento Regional: Luiz Francisco de A. Salgado
Superintendente Universitário e de Desenvolvimento: Luiz Carlos Dourado

EDITORA SENAC SÃO PAULO

Conselho Editorial: Luiz Francisco de A. Salgado
Luiz Carlos Dourado
Darcio Sayad Maia
Lucila Mara Sbrana Sciotti
Luís Américo Tousi Botelho

Gerente/Publisher: Luís Américo Tousi Botelho
Coordenação Editorial: Verônica Pirani de Oliveira
Prospecção: Dolores Crisci Manzano
Administrativo: Verônica Pirani de Oliveira
Comercial: Aldair Novais Pereira

Preparação de Texto: Marizilda Lourenço
Coordenação de Revisão de Texto: Marcelo Nardeli
Revisão de Texto: Ivone P. B. Groenitz, Luiza Elena Luchini, Globaltec Editora Ltda., Janaina Lira
Coordenação de Arte: Antonio Carlos De Angelis
Projeto Gráfico e Editoração Eletrônica: Fabiana Fernandes
Ilustrações: Laurindo Munhoz e Gabriella Carmocini – Studio 33
Coordenação de E-books: Rodolfo Santana
Impressão e Acabamento: Gráfica CS

Proibida a reprodução sem autorização expressa.
Todos os direitos desta edição reservados à
Editora Senac São Paulo
Av. Engenheiro Eusébio Stevaux, 823 – Prédio Editora
Jurubatuba – CEP 04696-000 – São Paulo – SP
Tel. (11) 2187-4450
editora@sp.senac.br
https://www.editorasenacsp.com.br

© Abel Batista Camillo Júnior, 1998

Sumário

Nota do editor, 7

Prefácio – *Renato Luiz Fernandes*, 9

Apresentação, 11

1. Teoria do fogo, 13

2. Extintores de incêndio, 41

3. Hidrantes, 73

4. Equipamentos e sistemas de proteção contra incêndio, 99

5. Acidentes no lar, 117

6. Condomínios e residências, 133

7. Brigadas de combate a incêndio, 139

8. Primeiros socorros, 173

Bibliografia, 195

Índice geral, 197

Nota do editor

Neste manual do coronel Abel Batista Camillo Júnior, chamam a atenção as providências referentes ao combate a incêndio, dado o seu perigo iminente. É importante, por exemplo, que nas empresas haja sempre um núcleo de funcionários, também brigadistas em condições de engajar-se no esforço de enfrentar o fogo numa emergência, que conheçam os equipamentos e sistemas de proteção disponíveis e saibam operá-los. É evidente a necessidade de que os demais também tenham noções básicas a respeito.

Mas é fundamental também que a prevenção do incêndio seja do conhecimento de todos na empresa e dos responsáveis em locais habitados, assim como se saiba o que fazer no socorro a vítimas e em seu tratamento imediato e provisório quando o acidente acontece.

Muito poucos no Brasil e em outros países têm a experiência teórica e prática do coronel Abel nesse assunto. O que, acrescentado a seu currículo de instrutor de brigadistas, já é garantia de informações pertinentes, precisas e claramente expostas.

É mais um livro do Senac São Paulo, útil para ler e consultar no dia a dia, tendo em vista a segurança de pessoas em casa e no trabalho.

Prefácio

Com alegria recebi o convite do coronel Abel para prefaciar seu livro *Manual de prevenção e combate a incêndios*.

O livro, escrito de maneira simples, didática e de fácil entendimento, e direcionado para pessoas que iniciam seus estudos na área preventiva de extinção de incêndios e pronto-socorrismo, é o beabá dessas áreas técnicas e tão importantes para a manutenção da vida e do patrimônio.

Os brigadistas, bombeiros industriais, cipeiros, bombeiros voluntários, entre outros, terão nesta obra ensinamentos que lhes serão úteis e fundamentais.

O livro vem ao encontro dos objetivos maiores dos bombeiros, que são a prevenção e a educação pública, isto é, qualquer pessoa ao ler este manual terá conhecimentos mínimos e básicos para prevenir e agir, se for o caso, em uma emergência.

Não devemos esquecer que todos os conhecimentos teóricos devem ser executados, na prática, por técnicos, tanto no uso de equipamento de combate a incêndio quanto nos procedimentos de primeiros socorros.

Parabéns ao autor, sua preocupação é louvável e merece nossos aplausos.

Obrigado.

Renato Luiz Fernandes
Coronel da Polícia Militar
Ex-comandante do Corpo de Bombeiros

Apresentação

Este manual é fruto de vários anos de pesquisa e compilação de publicações esparsas e setorizadas da área técnica especializada de bombeiros, e visa fornecer informações destinadas ao aperfeiçoamento de brigadistas, bombeiros civis e demais interessados no assunto, no que se refere aos meios e procedimentos básicos necessários a prevenção e combate a incêndios. Tem por finalidade sobretudo padronizar o mínimo de conhecimento técnico necessário para o bom desempenho da função.

É importante observar, no entanto, que a simples leitura deste manual não habilita os profissionais ao desempenho de suas funções, sendo necessária a participação nas aulas teórico-práticas desenvolvidas por profissional habilitado.

Por fim, é objetivo maior deste manual a divulgação a toda a sociedade dos conhecimentos básicos sobre prevenção e combate a incêndios, visando a preservação de vidas, do meio ambiente e dos patrimônios.

1 Teoria do fogo

Fuga – reação do homem primitivo.

Um dos grandes marcos da história da civilização humana foi o domínio do fogo pelo homem. A partir daí o homem pôde aquecer, cozer seus alimentos, fundir o metal para a fabricação de utensílios, instrumentos e máquinas, que tornaram possível o desenvolvimento do presente.

Mas esse mesmo fogo, que tanto constrói, pode destruir muito. Ele mesmo pode destruir tudo o que, por sua própria ação, foi possível construir. E quando isso acontece, quando ele nos ameaça, a reação do homem de hoje ainda é igual à do homem primitivo – ele foge, assim como o primeiro homem fugiu ao vê-lo.

Os primeiros homens, ao verem o fogo, fugiam por desconhecer sua natureza. Não viam que um simples punhado de terra bastaria para apagar uma pequena chama. Por falta de conhecimento de como combatê-lo, abandonavam o local, deixando que ele se expandisse e tomasse grandes proporções.

Hoje, porém, o homem não precisa mais fugir, pois conhece o fogo como um fenômeno químico, tendo descoberto, a partir daí, como lutar contra ele, utilizando métodos e equipamentos adequados. Concluindo, o homem sabe (por experiência e observação) que fuga, como primeira reação, é sempre uma atitude errada, tendo em vista que:

- o homem conhece a natureza do fogo;

- o fogo sempre começa pequeno (exceto em grandes explosões);
- o homem possui os equipamentos necessários para combatê-lo.

Lendo este manual, você estará sendo treinado para enfrentar o fogo, antes que ele adquira vulto. Mas não fique só na leitura, tenha curiosidade pelo assunto, assim você poderá evitar grandes catástrofes, salvando a vida de muitos... além da sua.

Ação contra o fogo: prevenção e extinção

Na ação contra o fogo, este manual abordará principalmente a proteção contra incêndios, que se divide em dois ramos: prevenção e extinção.

A prevenção de incêndios é o conjunto de normas e ações adotado na luta contra o fogo, procurando a forma de eliminar as possibilidades de sua ocorrência, bem como de reduzir sua extensão, quando ele se torna inevitável, mediante o auxílio de equipamentos previamente estudados, racionalmente localizados e com pessoas habilitadas a utilizá-los.

A extinção visa eliminar o fogo por diversos processos, usando taticamente os equipamentos de combate ao fogo ou outros meios, que poderão funcionar automaticamente ou pela ação direta do homem.

Quando somente houver o combate ao fogo, a proteção contra incêndios será deficiente.

Para melhor entendermos o que é prevenção e extinção de incêndios, vamos primeiramente conhecer o que é fogo, seus componentes e fenômenos.

Teoria do fogo

O fogo é um processo químico de transformação, também chamado combustão, de materiais combustíveis e inflamáveis, que, se forem sólidos ou líquidos, serão primeiramente transformados em gases para se combinarem com o comburente (geralmente o oxigênio), e, ativados por uma fonte de calor, iniciarem a transformação química, gerando mais calor e desenvolvendo uma reação em cadeia.

O produto dessa transformação, além do calor, é a luz.

Nessa definição, diz-se que os gases provenientes da combustão combinam-se com um comburente, geralmente o oxigênio, porque existem combustíveis que queimam sem a presença dele, como o antimônio em atmosfera de cloro.

Numa definição mais simples: fogo é uma reação química que produz luz e calor.

Elementos que compõem o fogo

Os elementos que compõem o fogo são quatro: combustível, comburente, calor e reação em cadeia.

Esse quarto elemento, também denominado transformação em cadeia, forma o quadrado ou tetraedro do fogo, substituindo o antigo triângulo do fogo.

Para que haja fogo, é necessário existir um combustível que, atingindo seus pontos de fulgor e combustão, gera gases inflamáveis, que, misturados com um comburente (geralmente o oxigênio contido no ar), precisam apenas de uma fonte de calor (faísca elétrica, chama ou superaquecimento) para inflamar e começar a reação em cadeia.

Vejamos agora elemento por elemento, suas características e funções no fenômeno químico do fogo.

Ex.: consideremos uma vela. Para acendê-la, é necessário que existam esses três elementos:

1. o combustível: cera que envolve o pavio;

2. o oxigênio: presente no ar, e

3. o calor: que, nesse caso, é fornecido por meio de um palito de fósforo aceso.

E, para que o fogo continue, deve ocorrer a reação em cadeia (quarto elemento).

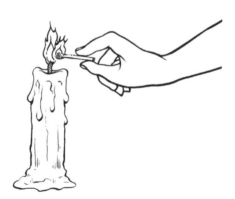

- **Combustível**: elemento que alimenta o fogo e que serve como campo para sua propagação.

Onde houver combustível, o fogo caminhará por ele, aumentando ou diminuindo sua faixa de ação.

Os combustíveis podem ser sólidos, líquidos e gasosos, e é necessário que os sólidos e líquidos sejam primeiramente transformados em gases pela ação do calor, para que, combinados com o comburente, formem uma substância inflamável.

De uma forma geral, combustível é uma substância que queima; é qualquer substância que reage com o oxigênio (ou outro comburente) liberando energia, que pode ser na forma de calor, chamas e gases.

Para reagir com o oxigênio, o combustível deve ser aquecido até uma temperatura mínima (cada material tem a sua) para que libere gases em quantidade suficiente para iniciar a combustão. Por exemplo, a temperatura de ignição da madeira é de 230 °C.

Ex.: se apagarmos uma vela com cuidado e, posteriormente, quisermos reacendê-la, para conseguirmos uma nova combustão, basta colocar um fósforo aceso a uma distância de 5 cm ou 6 cm do pavio na direção da coluna gasosa formada imediatamente após a vela ser apagada, pois o pavio ainda se encontra quente e desprendendo vapores inflamáveis.

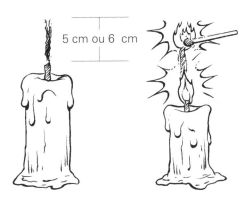

Outra experiência que confirma esse fato consiste em colocar pedaços de papel ou de madeira dentro de um frasco de boca estreita sobre uma chama de aquecimento.

Quando os pedaços estiverem aquecidos, desprenderão vapores que poderão ser inflamados na boca do frasco a uma distância relativamente grande deles.

- **Comburente**: elemento ativador do fogo, o comburente dá vida às chamas.

O fogo, em ambiente rico de comburente (oxigênio), terá suas chamas aumentadas, desprenderá mais luz e gerará maior quantidade de calor.

O comburente mais comum é o oxigênio, contido no ar atmosférico numa porcentagem de 21%; portanto, é o elemento do fogo que está contido em quase todos os ambientes.

Se o oxigênio estiver numa porcentagem próxima de 13%, não haverá chama, somente brasa.

Sem o comburente não poderá haver fogo.

Quantidade de oxigênio em uma combustão

CONDIÇÕES PARA A COMBUSTÃO	
De 0% a 8% de O_2	não ocorre
De 8% a 13% de O_2	lenta
De 13% a 21% de O_2	viva

Ex.: se colocarmos um copo sobre uma vela acesa, de forma que impeça a entrada do oxigênio, observaremos que a chama diminuirá gradativamente até se apagar. O fenômeno ocorre por causa da insuficiência de oxigênio no interior do copo, isto é, ao colocá-lo sobre a vela, impedimos que o ar entre para fornecer oxigênio suficiente.

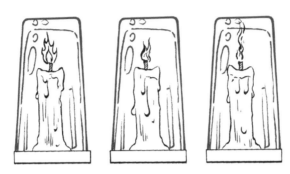

Existem combustíveis que já possuem oxigênio em sua composição, como é o caso da pólvora, nitratos, celuloides, etc., que podem queimar em qualquer lugar, com ou sem a presença do ar.

- **Calor**: elemento que dá início ao fogo; é ele que faz o fogo se propagar pelo combustível.

    Como já foi dito anteriormente, os materiais necessitam, principalmente, de aquecimento para produzirem gases que, combinados com um comburente (oxigênio), formam uma mistura inflamável. Submetida a uma temperatura mais alta, essa mistura inflamar-se-á, gerando maior quantidade de calor, que vai aquecendo novas partículas do combustível e inflamando-as de forma contínua e progressiva, gerando maior quantidade de calor. Esse processo contínuo e progressivo é chamado *reação em cadeia*.

- **Reação em cadeia**: os combustíveis, após iniciarem a combustão, geram mais calor. Esse calor provocará o desprendimento de mais gases ou vapores combustíveis, desenvolvendo uma transformação em cadeia ou reação em cadeia, que, em resumo, é o produto de uma transformação gerando outra transformação.

Uma reação em cadeia é uma sequência de reações provocadas por um elemento ou grupo de elementos que gera novas reações entre elementos possivelmente distintos, tal como ocorre durante a fissão nuclear.

Tratando-se de incêndios, a reação em cadeia é um dos itens do chamado tetraedro do fogo que, além da reação em cadeia, é composto por outros três elementos básicos para a existência do fogo: combustível, comburente e calor. Nesse sentido, a reação em cadeia é uma sequência de reações que ocorrem durante o fogo, produzindo sua própria energia de ativação (o calor) enquanto há comburente e combustível para queimar.

Diferentes formas de combustão

A combustão pode classificar-se, quanto à sua velocidade, em: ativa, lenta, explosiva e espontânea.

A velocidade da combustão depende principalmente da porcentagem de comburente (oxigênio), pois o comburente é o elemento ativador do fogo.

Também é preciso levar em conta a divisão do material combustível, pois, quanto mais fracionado, haverá mais superfície exposta ao calor e, consequentemente, maior quantidade de gases será produzida.

- **Combustão ativa**: aquela em que o fogo, além de produzir calor, produz também chama, isto é, luz, e se processa em ambientes ricos em oxigênio.

- **Combustão lenta**: aquela em que o fogo só produz calor, não há chama, isto é, não há luz, e geralmente se processa em ambientes pobres em oxigênio.

- **Explosão**: combustão rápida que atinge altas temperaturas; essa transformação de energia se caracteriza por violenta dilatação dos gases que, por sua vez, exercem também violenta pressão nas paredes que o confinam.

A explosão resulta da mistura de certos gases ou sólidos, em forma de pó ou poeira, com o oxigênio, numa porcentagem ideal para cada um. Essa porcentagem ideal é chamada de faixa de explosividade, que é medida por um aparelho denominado explosímetro.

O quadro abaixo apresenta os limites de explosividade de algumas substâncias mais conhecidas.

SUBSTÂNCIA	LIMITE MÍNIMO (%)	LIMITE MÁXIMO (%)
Acetileno	2,5	80,0
Álcool	3,0	19,0
Benzina	1,2	6,0
Éter	1,7	48,0
Gasolina	1,3	6,0
Hidrogênio	4,1	74,0
Querosene	1,1	6,0
GLP	2,0	10,0

- **Combustão espontânea**: acontece com certos materiais, geralmente de origem vegetal, que tendem a fermentar em longos períodos de armazenamento e em determinadas condições. Dessa fermentação resulta o calor que, ao se elevar gradativamente, faz o combustível atingir seu ponto de ignição. Além disso, determinados produtos, quando estocados juntos, reagem quimicamente, gerando calor e consequentemente combustão.

- **Combustão completa e incompleta**: a combustão pode ser completa ou incompleta, dependendo da quantidade de oxigênio. Na combustão completa ocorre a queima total de oxigênio e na combustão incompleta, a queima parcial de oxigênio.

Observamos essas reações quando acendemos um isqueiro, por exemplo:

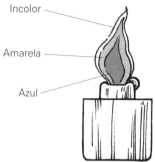

A chama apresenta três fases:

- **Azul**: onde ocorre a mistura combustível + comburente (é a parte fria da chama).
- **Amarela**: aí temos a combustão incompleta. A coloração amarela é o carvão (fuligem) em alta temperatura.
- **Incolor**: combustão completa, parte mais quente da chama.

A ocorrência da combustão incompleta é identificada na chama pela cor amarela.

Métodos de extinção do fogo

Partindo do princípio de que para haver fogo são necessários o combustível, o comburente e o calor, formando o triângulo do fogo ou, mais modernamente, o quadrado ou tetraedro do fogo, quando já se admite a ocorrência de uma reação em cadeia, para extinguirmos o fogo, basta retirar um desses elementos.

Com a retirada de um dos elementos do fogo, temos os seguintes métodos de extinção: extinção por retirada do material, abafamento, resfriamento e extinção química.

- **Extinção por retirada do material**: quando retiramos o combustível, evitando que o fogo seja alimentado e tenha um campo de propagação.

Ex.: aceiro feito para apagar fogo em mato; quando fechamos o registro de gás, o fogo do queimador se apaga por falta de combustível.

Extinção por retirada do material

- **Extinção por retirada do comburente:** também chamado de método de extinção por abafamento, consiste na retirada do comburente, evitando-se que o oxigênio contido no ar se misture com os gases gerados pelo combustível e forme uma mistura inflamável.

Extinção por retirada do comburente

Ex.: se colocarmos um copo emborcado, de modo que o oxigênio não penetre no seu interior, e tivermos uma vela acesa dentro dele, notaremos que, após alguns segundos, quando o fogo consumir todo o oxigênio do interior do copo, o fogo apagar-se-á por falta de comburente.

- **Extinção por retirada do calor:** quando retiramos o calor do fogo, até que o combustível não gere mais gases nem vapores e se apague, dizemos que extinguimos o fogo pelo método de resfriamento.

Extinção por retirada do calor

- **Extinção química**: quando interrompemos a reação em cadeia, ou seja, o combustível, sob a ação do calor, gera gases ou vapores que, ao se combinarem com o comburente, formam uma mistura inflamável. Quando lançamos determinados agentes extintores ao fogo, suas moléculas se dissociam pela ação do calor e se combinam com a mistura inflamável (gás ou vapor mais comburente), formando outra mistura não inflamável.

Pontos e temperaturas importantes do fogo

Quando o fogo se torna um devastador do progresso, fugindo ao controle humano, é chamado incêndio. Nos estudos de prevenção e extinção de incêndios, devemos saber como os diversos materiais se comportam em relação ao calor. Para tal, precisamos conhecer o ponto de fulgor, o ponto de combustão e a temperatura de ignição dos combustíveis.

- **Ponto de fulgor**: temperatura mínima necessária para que um combustível desprenda vapores ou gases inflamáveis, que, combinados com o oxigênio do ar em contato com uma chama, começam a se queimar, mas a chama não se mantém porque os gases produzidos são ainda insuficientes.

É o chamado ponto de lampejo ou *flash point*. Dizemos que um combustível está em seu ponto ou temperatura de fulgor no momento em que, ao aproximar uma chama externa aos gases desprendidos pelo aquecimento e em contato com o oxigênio, um lampejo for emitido (acende e, em seguida, apaga). Tomemos, como exemplo, o álcool num dia frio. Se quisermos queimá-lo, só conseguiremos que se incendeie efetivamente depois da terceira ou quarta tentativa de ateamento de fogo.

Nas primeiras, só conseguiremos que emita lampejos, que logo se apagam. Isso ocorre porque, à temperatura ambiente, o álcool se encontra no seu ponto ou temperatura de fulgor (*flash point*). Não está ainda emitindo gases inflamáveis suficientes para alimentar a combustão, e o fogo não se instala.

No entanto, a principal característica desse ponto é que, se retirarmos a chama, o fogo se apagará por causa da pouca quantidade de calor para produzir gases suficientes e manter a transformação em cadeia, ou seja, manter o fogo.

Ponto de fulgor

- **Ponto de combustão**: temperatura mínima necessária para que um combustível desprenda vapores ou gases inflamáveis que, combinados com o oxigênio do ar e ao entrar em contato com uma chama, se inflamam; e, mesmo que se retire a chama, o fogo não se apaga, pois essa temperatura faz gerar, do combustível, vapores ou gases suficientes para manter o fogo ou a transformação em cadeia.

Se continuarmos aquecendo o combustível, ele atingirá uma temperatura tal que, aproximando uma chama externa à boca do frasco, o fogo se instala, e permanece, porque o combustível já está gerando quantidade suficiente de gás inflamável para alimentar a combustão. No instante em que, ao atearmos fogo, ele se instala e permanece, dizemos que o combustível se encontra em seu ponto ou temperatura de combustão (*fire point*).

No exemplo da queima do álcool, nas tentativas de atear fogo, elevamos gradativamente a temperatura do combustível, até um ponto em que se incendeia e o fogo permanece, porque, estando mais aquecido, o álcool passa a desprender gases inflamáveis suficientes para alimentar a combustão.

A gasolina é outro exemplo que queima quase sempre e em qualquer lugar, pois sua faixa de combustibilidade vai desde –42 °C até 257 °C. Agora já podemos entender o porquê de ela ser um combustível usado universalmente.

Ponto de combustão

- **Temperatura de ignição**: aquela em que os gases desprendidos dos combustíveis entram em combustão apenas pelo contato com o oxigênio do ar, independentemente de qualquer fonte de calor.

Até agora, para provocarmos uma combustão, tivemos de lançar mão de uma chama externa (para acendermos a vela, para queimarmos o álcool, para provocarmos a combustão nos gases desprendidos pelo combustível aquecido). Mas, se continuarmos aquecendo o combustível, ele chegará a atingir a sua temperatura mais crítica, a temperatura de ignição espontânea, e então os vapores por ele desprendidos entrarão em combustão pelo simples contato com o oxigênio, sem o auxílio da chama externa.

Temperatura de ignição

PRINCIPAIS PONTOS E TEMPERATURAS DE ALGUNS COMBUSTÍVEIS OU INFLAMÁVEIS

COMBUSTÍVEL INFLAMÁVEL	PONTO DE FULGOR (°C)	TEMPERATURA DE IGNIÇÃO (°C)
Acetileno	Gás	335,0
Álcool etílico	12,6	371,0
Álcool metílico	11,1	426,0
Asfalto	204,0	485,5
Benzina	−17,7	232,0
Enxofre	65,5	232,0
Gasolina	−42,0	257,0
Querosene	38 a 73,5	254,0
Óleo de amendoim	282,0	445,0
Parafina	199,0	245,0

Baseando-se nesses pontos e nessas temperaturas, os líquidos classificam-se em: combustíveis (ponto de fulgor entre 70 °C e 93,3 °C) e inflamáveis (ponto de fulgor inferior a 70 °C).

Dilatação dos corpos pela ação do calor

Todos os corpos, quando submetidos a uma temperatura alta, dilatam-se proporcionalmente a cada grau. Esse fenômeno é responsável pelo desmoronamento de edificações durante os incêndios, quando a temperatura é elevada.

Uma viga de concreto é composta de cimento, areia e pedra, ficando no seu interior a armação de ferro. Exposta à ação do fogo, a armação de ferro poderá aquecer-se, vindo a dilatar-se, e arrebentar o concreto já enfraquecido pelo próprio calor.

Eletricidade

A maioria dos grandes incêndios já ocorridos teve início por causa de problemas elétricos, sobrecarga, curto-circuito e outros. Por isso é muito importante que todas as instalações sejam vistoriadas e bem dimensionadas quanto à carga que irão suportar, por profissionais especializados na área.

A fiscalização é a melhor ação preventiva, e a manutenção adequada, sempre que necessária, é a arma contra o sinistro.

Eletricidade estática é o acúmulo de potencial elétrico de um corpo em relação a outro e surge em máquinas em movimento; evita-se o acúmulo estabelecendo "terra" às máquinas. A formação de potencial elétrico não pode ser evitada, podendo-se, porém, evitar o acúmulo. Ex.: a descarga elétrica do raio.

Propagação do fogo

O fogo se propaga por contato direto da chama com os materiais combustíveis, pelo deslocamento de partículas incandescentes, que se desprendem de outros materiais já em combustão, e pela ação do calor.

O calor é uma forma de energia produzida pela combustão ou originada do atrito dos corpos. Ele se propaga por três processos de transmissão.

1. **Condução**: quando o calor é transmitido de molécula a molécula ou de corpo a corpo.

   Para que haja transmissão por condução ou contato, é necessário que os corpos estejam juntos. Ex.: se colocarmos a ponta de uma barra de ferro sobre o fogo, após algum tempo, podemos verificar que a outra ponta não exposta à ação do fogo estará aquecida. Nesse caso, o calor se transmitiu de molécula a molécula até atingir a outra extremidade da barra de ferro.

   Se colocarmos um fardo de algodão próximo a uma chapa de ferro e, na outra face da chapa, a chama de um maçarico, em breve notaremos que a parte do fardo de algodão encostada na chapa de ferro também estará aquecida.

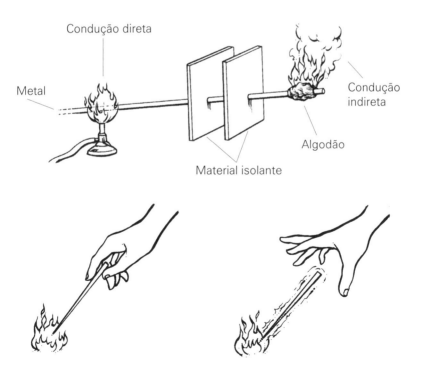

É a passagem do calor de "material para material", de forma direta, ou quando a transmissão do calor se dá através de um corpo, que pode ser, por exemplo, uma viga de metal, uma parede, uma laje, etc. É o que acontece quando seguramos uma agulha e aquecemos sua ponta. Antes mesmo desta ficar vermelha, já ocorre uma transmissão de calor tal que se torna impossível segurá-la com os dedos nus.

Da mesma forma, se temos uma viga de metal como suporte de telhado de um compartimento onde mantemos um estoque de material (papel, por exemplo), a ocorrência de um incêndio (primário) próximo a uma das extremidades da viga pode provocar nesta um aquecimento capaz de, por condução, transmitir o incêndio (secundário) para os materiais que estiverem próximos dela. É fácil percebermos, pelo que já foi visto, que o incêndio secundário surgirá com maior ou menor rapidez, de acordo com o ponto de ignição do material estocado. Além disso, a viga chegará numa temperatura tal que se tornará flexível, fazendo vir abaixo toda a estrutura.

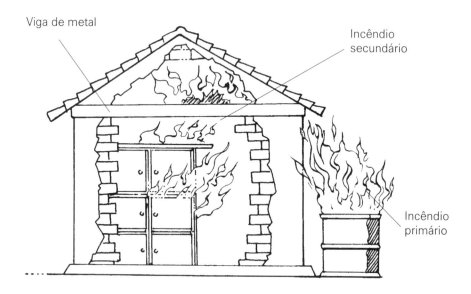

2. **Convecção**: quando o calor é transmitido através de uma massa de ar aquecida, que se desloca do local em chamas, levando para outros locais quantidade de calor suficiente para que os materiais combustíveis aí existentes atinjam seu ponto de combustão, originando outro foco de fogo. Um exemplo de transmissão do calor por convecção é o ar quente projetado pelo secador de cabelo.

Essa forma de transmissão do calor é característica dos líquidos e gases. Ela se dá pela formação de correntes ascendentes e descendentes no meio da massa de ar, por causa da dilatação e da consequente perda de densidade da porção de ar mais próxima da fonte de calor.

Durante um incêndio, a convecção muitas vezes é responsável pelo seu alastramento a compartimentos distantes do local de origem do fogo.

Toda abertura vertical (como os poços de elevador, dutos de ar-condicionado, lixeiras, poços de escada) funciona como verdadeira chaminé. As chamas, a fumaça (gases e vapores) e a fuligem sobem por convecção e levam o incêndio para o alto, internamente.

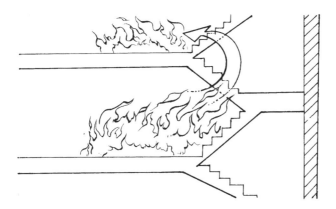

O mesmo acontece com um incêndio localizado nos andares baixos (ou porão) de um prédio: os gases aquecidos sobem pelas aberturas verticais e, atingindo combustíveis dos locais elevados do prédio, provocam outros focos de incêndio.

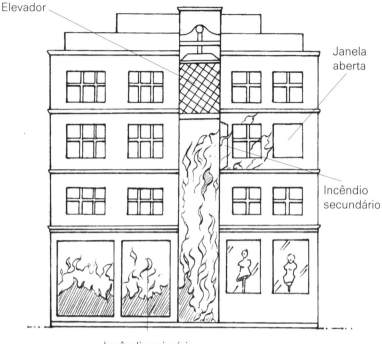

Incêndio primário

3. **Irradiação**: quando o calor é transmitido por ondas; nesse caso, o calor é transmitido através do espaço, sem utilizar nenhum meio material.

Por comparação a esses últimos, diz-se que o foco calorífico "irradia" calor, que se manifesta, então, como sendo irradiado.

O calor irradiado é comparado com a luz por todas as suas propriedades, com exceção de que a luz é vista a olho nu e o calor irradiado não.

Exemplo típico de transmissão de calor por irradiação é o calor solar irradiado para o nosso planeta, a transmissão do calor por meio de raios ou ondas e também o calor que sentimos no rosto quando nos aproximamos do fogo. Num grande incêndio de um prédio, por exemplo, vários outros prédios ao seu redor ficam queimados em virtude da irradiação do calor. São os chamados incêndios secundários, em que, apesar de as chamas não aflorarem, as consequências são semelhantes às dos incêndios primários.

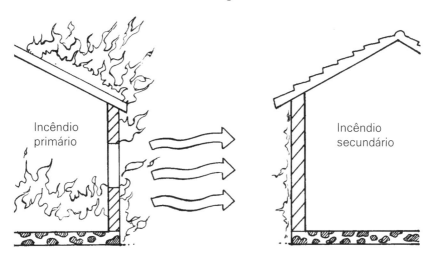

Classes de incêndio

Quanto ao material que se queima, podemos dizer que há uma classificação clássica, que estabelece quatro tipos de incêndio: "A", "B", "C" e "D".

- **Classe "A"**: fogos em sólidos de maneira geral; queimam em superfície e profundidade. Após a queima, deixam resíduos, e o efeito de "resfriamento" pela água ou por soluções contendo água é primordial para a sua extinção. Ex.: madeiras, papel, tecidos, etc.

- **Classe "B"**: fogos em líquidos, combustíveis ou inflamáveis; queimam somente em superfície, não deixam resíduos depois da queima, e o efeito de "abafamento" e o "rompimento da cadeia iônica" são essenciais para a sua extinção.

- **Classe "C"**: fogos em materiais energizados (geralmente equipamentos elétricos), nos quais a extinção só pode ser realizada com agente extintor não condutor de eletricidade, para o operador não receber uma descarga elétrica.
- **Classe "D"**: atualmente admite-se esta quarta classe de incêndio, porém os estudiosos do assunto ainda não chegaram a uma conclusão. Alguns autores consideram-na como sendo fogo em metais pirofóricos, como magnésio, antimônio, etc., que necessitam de agentes extintores especiais; outros a consideram como fogo em produtos químicos, e outros ainda como incêndios especiais, tais como em veículos, aviões, material radioativo, etc.

INCÊNDIO CLASSE "A"

Ocorre em materiais sólidos ou fibrosos comuns, como madeira, tecido, algodão, papel, estopa, etc. Os incêndios dessa classe possuem duas características principais: a de deixarem resíduos quando queimados (brasa, cinza, carvão) e a de queimarem em superfície e profundidade. Ex.: incêndio em um forro de aglomerado de madeira é um tipo de incêndio classe "A"; queima em superfície e profundidade e deixa resíduos quando queimado.

Este tipo de incêndio é extinto pelo método de resfriamento. Para atender às características da queima em profundidade, deve ser utilizado um agente extintor com poder de penetração e umidificação. Deve ser aproveitada, portanto, a ação resfriadora e umedecedora da água ou de outro agente que a contenha em quantidade, como a espuma, por exemplo.

INCÊNDIO CLASSE "B"

Ocorre em combustíveis líquidos e gasosos, embora tenhamos de fazer uma ressalva quanto a estes últimos.

Os incêndios classe "B" possuem também duas características principais: a de queimarem somente em superfície, nunca em profundidade, e a de não deixarem resíduos quando queimados.

A ressalva que deve ser feita quanto aos combustíveis gasosos é que não se pode incluir nessa categoria um incêndio em determinado gás num limite de explosividade capaz de gerar explosão e fogo violentos.

Consideremos um cilindro de GLP (gás liquefeito de petróleo) vazando e queimando. Nessas condições, temos um fogo que poderá ser encarado como de superfície, em material que não deixa resíduos quando queimado, enquadrando-se nas características da classe "B". Para extinguirmos um incêndio classe "B", é essencial um efeito de abafamento.

Para o combustível gasoso, o método de abafamento funciona sempre. Entretanto, há uma precaução a tomar: só devemos extinguir o fogo se tivermos condições de cortar o fornecimento do gás.

Ex.: surgindo fogo no tubo que conduz gás do botijão até o fogão, podemos apagá-lo cortando o fornecimento de combustível, fechando o registro do botijão. Caso contrário, é preferível deixá-lo queimar, sempre sob controle, para evitar que, apagando-se o fogo, o vazamento de gás resulte em explosão.

INCÊNDIO CLASSE "C"

Ocorre em equipamentos elétricos ligados. Os incêndios desta classe oferecem risco de morte ao operador do equipamento de extinção, por causa da presença da corrente elétrica. No combate a incêndios classe "C", é imprescindível a utilização de um agente extintor não condutor de corrente elétrica, como é o caso do pó químico seco e do gás carbônico.

Para o combate a incêndios classe "C", nunca se deve usar água ou outro agente que a contenha em sua composição, como a espuma.

O primeiro passo a ser dado, quando da ocorrência de um incêndio classe "C", é desligar o quadro de força, pois assim ele se tornará um incêndio classe "A" ou "B", não oferecendo risco ao operador do equipamento de extinção quanto à descarga elétrica.

Obs.: é importante que não cortemos a corrente elétrica de todo o prédio, mas apenas do andar ou da sala onde ocorrer o incêndio. O desligamento da corrente elétrica de todo o prédio faz parar os elevadores (frequentemente com gente dentro), além de deixar tudo às escuras, dificultando o abandono da área pelas pessoas, caso isso se torne necessário.

A energia elétrica será cortada progressivamente, caso haja necessidade. O corte geral será efetuado após o cumprimento de uma série de exigências (ex.: quando os elevadores já estiverem no térreo, etc.).

INCÊNDIO CLASSE "D"

Ocorre em metais pirofóricos, que têm por característica possuírem oxigênio em sua formação molecular e reagirem a baixas temperaturas. Os exemplos mais comuns são o antimônio e o magnésio, encontrados em motores e rodas de liga leve de veículos. Outro exemplo de material pirofórico é a pedra de isqueiro, na verdade uma liga de ferro-cério, que solta faíscas quando atritada. Temos ainda o selênio, antimônio, alumínio ou chumbo pulverizado, zinco, titânio e zircônio, entre outros. Nessa classe de incêndio foram reunidos os materiais que, apesar de serem sólidos, por sua composição química diferenciada queimam de forma característica.

ALGUNS ESCLARECIMENTOS SOBRE CLASSES DE INCÊNDIOS

No combate a incêndios, os materiais combustíveis são identificados de acordo com uma ou mais classes de incêndio. Cada classe designa o combustível envolvido no incêndio, e essa classificação vai permitir, de forma eficaz, a escolha do agente extintor mais adequado.

Existem múltiplos sistemas de classificação, com denominações diferentes para as diversas classes de incêndio. Os Estados Unidos usa a National Fire Protection Association (NFPA), norma que prevê a classificação em cinco classes; já na Europa, Austrália e Ásia são utilizadas seis classes e no Brasil, apenas quatro.

Na Europa, os incêndios podem ser divididos em seis classes:

- **Classe A:** são incêndios que envolvem sólidos inflamáveis, como madeira, tecido, borracha, papel e alguns tipos de plásticos.

- **Classe B**: são incêndios que envolvem líquidos inflamáveis ou sólidos que se liquefazem, como gasolina, óleo de pintura, e também algumas ceras e plásticos, mas não gorduras de óleos de cozinha.

- **Classe C**: são incêndios que envolvem gases inflamáveis, como gás natural, hidrogênio, propano, butano.

- **Classe D**: são incêndios que envolvem metais combustíveis, como sódio, magnésio e potássio.

- **Classe E**: são incêndios que envolvem alguns dos materiais encontrados em fogos das classes A e B, mas que incluem dispositivos elétricos, fiação ou outros objetos eletricamente energizados na vizinhança do fogo, com risco de choque elétrico resultante de um agente condutor usado para controlar o fogo.

- **Classe F**: são incêndios que envolvem as gorduras e os óleos de cozinha. A alta temperatura desses tipos de gordura e óleo, quando em contato com o fogo, em muito excede o de outros líquidos inflamáveis. Para apagar esse tipo de incêndio, o extintor normal não deve ser utilizado.

Nos Estados Unidos, os incêndios são divididos em cinco classes:

- **Classe A**: são incêndios que envolvem materiais combustíveis comuns, tais como tecido, madeira, papel, borracha, plásticos e muitos outros.

- **Classe B**: são incêndios que envolvem combustíveis e líquidos inflamáveis, como gasolina, álcool, óleo diesel, baseado em pinturas a óleo, lacas, etc., e gases inflamáveis.

- **Classe C**: são incêndios que envolvem equipamentos elétricos energizados.

- **Classe D**: são incêndios que envolvem metais combustíveis, tais como magnésio, titâneo e sódio.

- **Classe K**: são incêndios que envolvem óleos vegetais, óleos animais ou de gorduras em equipamentos de cozinha, cozinhas comerciais, restaurantes, lanchonetes.

COMPARAÇÃO DAS CLASSES DE INCÊNDIO

Americano	Europa/Austrália/Ásia	Tipo de combustível
Classe A	Classe A	Combustíveis ordinários
Classe B	Classe B	Líquidos inflamáveis
	Classe C	Gases inflamáveis
Classe C	Classe E	O equipamento elétrico
Classe D	Classe D	Combustíveis metais
Classe K	Classe F	Óleo ou gordura

CLASSES DE INCÊNDIO – SIMBOLOGIA

CLASSE A	APARAS DE PAPEL MADEIRAS	Cor verde Assim é identificado o fogo em materiais sólidos que deixam resíduos, como madeira, papel, tecido e borracha.
CLASSE B	LÍQUIDOS INFLAMÁVEIS	Cor vermelha Ocorre quando a queima acontece em líquidos inflamáveis, graxas e gases combustíveis.
CLASSE C	EQUIPAMENTOS ELÉTRICOS	Cor azul Classe de incêndio em equipamentos elétricos energizados. A extinção deve ser feita por agente extintor que não conduza corrente elétrica.
CLASSE D	METAIS COMBUSTÍVEIS	Cor amarela Classe de incêndio que tem como combustível os metais pirofóricos, como magnésio, selênio, antimônio, lítio, potássio, alumínio fragmentado, zinco, titânio, sódio, urânio e zircônio.
CLASSE K	ÓLEO E GORDURA	Cor preta Classificação do fogo em óleo e gordura em cozinhas.

2 Extintores de incêndio

Agentes extintores

 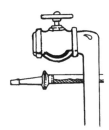 

Trata-se de algumas substâncias químicas sólidas, líquidas ou gasosas, que são utilizadas na extinção de um incêndio, dispostas em aparelhos portáteis de utilização imediata (extintores), conjuntos hidráulicos (hidrantes) e dispositivos especiais (*sprinklers* e sistemas fixos de CO_2).

Sabendo-se que agentes extintores são todas as substâncias capazes de interromper uma combustão, quer por resfriamento, abafamento, extinção química, quer pela utilização simultânea desses processos, pode-se dizer que os principais agentes extintores são: água, espuma, gases inertes, pós químicos e outros agentes.

ÁGUA

Sua ação de extinção é o resfriamento, podendo ser empregada tanto no estado líquido como no gasoso. No estado líquido, é utilizada sob a forma de jato sólido, compacto, chuveiro e neblina (ver as definições de jatos). Nas formas de jato sólido, compacto e chuveiro, sua ação de extinção é somente o resfriamento. Na forma de neblina, sua ação é de resfriamento e abafamento. A água no estado gasoso é aplicada em forma de vapor. A água é condutora de corrente elétrica.

ESPUMA

Agente extintor cuja principal ação de extinção é a de abafamento e, secundariamente, a de resfriamento; por utilizar razoável quantidade de água na sua formação, conduz corrente elétrica.

A espuma pode ser obtida por meio de uma reação química de sulfato de alumínio com bicarbonato de sódio e mais um agente estabilizador da espuma. Esse tipo de espuma se chama espuma química.

Por um processo de batimento de uma mistura de água com um agente espumante (extrato) e a aspiração simultânea de ar atmosférico em um esguicho próprio, temos também a formação de espuma mecânica, que pode ser de baixa, média e alta expansão.

Espuma de combate a incêndios

Definição

A espuma de combate a incêndio, ou espuma retardante de fogo ou simplesmente espuma mecânica, é uma massa formada de pequenas bolhas – combinação de líquido gerador de espuma (extrato), ar atmosférico, água e batimento (agitação mecânica) – de densidade menor que a da maioria dos líquidos inflamáveis e menor que a densidade da água. Seu papel é resfriar e cobrir o combustível, prevenindo seu contato com o oxigênio, resultando na extinção da combustão.

Princípio de atuação

A espuma combate incêndios, atuando nos líquidos inflamáveis ou combustíveis, impedindo o contato do ar com os vapores inflamáveis emanados do combustível, retendo os vapores da sua superfície, separando-os das chamas e resfriando a superfície do combustível e as demais superfícies a sua volta.

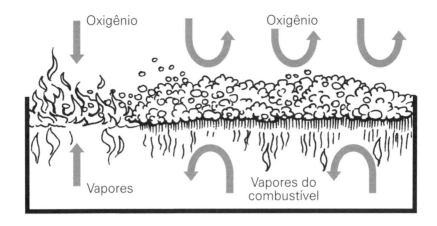

Taxa de expansão

A taxa de expansão é o volume ou a proporção final de espuma produzida por um equipamento gerador a partir de uma mistura inicial de líquido gerador de espuma (LGE) (extrato) e água.

A espuma de combate a incêndios pode ser classificada, segundo a NFPA, em três tipos de acordo com a taxa de expansão:

- **Baixa**: taxa de expansão até 20:1. Espuma eficiente para controle e extinção de incêndios causados por líquidos inflamáveis da classe B. Pode ser utilizada nos incêndios classe A, que exigem o resfriamento e bom poder de penetração.
- **Média**: taxa de expansão de 20:1 a 200:1. Tipo de espuma que pode ser empregada para abafar a emissão de vapores de produtos químicos perigosos.
- **Alta**: taxa de expansão acima de 200:1. Espuma utilizada para incêndios em espaços confinados (subsolos, porões, etc.). A sua aplicação normalmente é feita por geradores de espuma especiais, pois utilizam um tipo de espuma sintética.

Uma espuma para ser eficiente deve:

- **Possuir velocidade de extinção**: espalhar-se rapidamente e formar uma cobertura sobre o combustível até conseguir a extinção total do fogo.

- **Ser eficiente na contenção dos gases**: a cobertura produzida deve ser capaz de conter os gases inflamáveis e minimizar os riscos de reignição.

- **Ser resistente ao combustível**: a espuma deve minimizar o efeito destrutivo do combustível.

- **Ser resistente ao calor**: resistir aos efeitos destrutivos do calor irradiado pelo fogo.

Obs.: a espuma é formada por mais de 90% de água e, pela facilidade da mistura do álcool com a água, ela deverá ser, obrigatoriamente, resistente ao álcool.

Existem espumas específicas para combustíveis e solventes apolares, como os derivados de petróleo, e para os polares ou significativamente polares, em especial o álcool, abundante como combustível e mesmo como produto químico comercializado, ou ainda as cetonas (como a acetona) e os ésteres (como o acetato de etila), pois estes inibem a formação de espuma, dissolvendo a parte aquosa da formulação e anulando seu efeito de impedir o contato do combustível com o oxigênio do ar.

Técnicas de aplicação da espuma

Existem várias técnicas para a aplicação da espuma em casos de incêndios. As mais usuais são:

- Utilização de anteparo

  A espuma, aplicada por esguichos especiais, deve ser direcionada a um anteparo antes de chegar às chamas; isso visa reduzir sua velocidade e fazer com que a aplicação seja de forma suave.

- Ataque anterior

  A espuma é aplicada na superfície, imediatamente anterior ao local das chamas, fazendo com que ela se acumule e em seguida deslize para o incêndio. O próprio jato de espuma produzido vai empurrando a quantidade já formada e depositada antes das chamas, de maneira que ela vá cobrindo aos poucos todo o local incendiado.

- Ataque superior

  A espuma é lançada para cima, através de esguichos especiais, até que atinja sua altura máxima, desfazendo-se em várias gotas que caem em cima da área do incêndio. Essa técnica pode extinguir o incêndio rapidamente, mas, dependendo do tempo de queima (formação de coluna térmica) ou das condições climáticas não favoráveis (ventos fortes), esse método não deve ser utilizado.

  Obs.: o jato de espuma *não deve ser direcionado* diretamente contra o fogo, pois pode fazer com que o combustível se espalhe, ou, caso já exista uma cobertura de espuma, que ela seja quebrada, permitindo que gases inflamáveis retidos pela espuma escapem, podendo resultar em propagação do incêndio ou em reignição.

- **Gases inertes**: tais como o anidrido carbônico ou gás carbônico e o nitrogênio, não conduzem corrente elétrica e extinguem o fogo por abafamento ou rompimento da cadeia iônica.

- **Pós químicos**: tais como bicarbonato de sódio, fosfato monoamônico, sulfato de alumínio, grafite, há pós especiais, próprios para fogo em magnésio, sódio e potássio. Esses pós químicos geralmente atuam por abafamento e rompimento da cadeia iônica e não são condutores de eletricidade.

- **Outros agentes**: além dos já citados, podemos considerar como agentes extintores a terra, a areia, a cal, o talco, etc.

Aparelhos extintores de incêndio

HISTÓRIA DOS EXTINTORES DE INCÊNDIO

Alguns relatos históricos sobre o surgimento dos extintores de incêndio dizem que o médico alemão M. Fuches inventou, em 1734, bolas de vidro cheias de uma solução salina destinadas a ser atiradas no fogo.

O moderno extintor de incêndio automático foi inventado por um militar inglês, o Capitão George William Manby, depois de ele ter presenciado um incêndio, em 1813, em Edimburgo, que começou no quinto andar de um edifício no qual as mangueiras não alcançavam o andar por causa da altura da edificação. Nada pôde fazer para evitar que o fogo se espalhasse e tomasse o quarteirão.

Vendo tal fato, o capitão George declarou, convicto, que a aplicação de água num momento crítico, mesmo em pequena quantidade, exerce efeito. Porém, utilizando uma quantidade muito superior num momento posterior não surtiria efeito, pois com a velocidade que as chamas se propagam a destruição é certa.

Um dos primeiros modelos de extintor de incêndio

Em 1816, ele inventou um aparelho cilíndrico de cobre, com sessenta centímetros de altura e capacidade de quinze litros. Era envasado com até três quartos de um líquido que ele descrevia como fluido antichamas, uma solução de potassa cáustica. O espaço restante era cheio de ar comprimido.

Os aparelhos extintores de incêndio, neste manual denominados "extintores", são destinados à extinção imediata de um princípio de incêndio quando ainda em sua fase inicial.

São feitos para utilização rápida e por essa razão a sua eficácia ficará condicionada ao fácil acesso aos aparelhos, ao perfeito serviço de manutenção e ao conhecimento pelo operador das técnicas de extinção de fogo e da operação dos extintores.

Os extintores, de um modo geral, são constituídos por um recipiente de aço, cobre, latão ou material metálico equivalente, contendo em seu interior um agente extintor cuja finalidade é eliminar o princípio de incêndio, utilizando, para isso, um ou mais de um dos quatro processos tradicionais de extinção.

Quanto à sua nomenclatura, os extintores recebem o nome do agente que acondicionam em seu interior.

Os extintores podem ser divididos em portáteis, quando manuais e operados por um único indivíduo, ou carretas, quando sobre rodas, exigindo, para seu emprego, um ou mais operadores.

Vários são os princípios de funcionamento dos diversos extintores. Contudo, todos promovem a expulsão do agente extintor de seu interior por meio de pressão, que pode ser obtida por uma reação química, por intermédio de um gás propelente ou, ainda, pela descompressão do próprio agente extintor.

Os extintores que funcionam por reação química são chamados de químicos e os demais, de pressurizados.

Os extintores pressurizados podem ser de dois tipos: de pressão interna ou de pressão injetada.

Os de pressão interna já possuem o gás propelente dentro do recipiente, misturado com o agente extintor, ou o próprio agente acha-se comprimido.

Os de pressão injetada recebem o gás propelente somente no instante de uso, por meio de um cilindro, que poderá estar localizado do lado de fora ou dentro do próprio recipiente.

O uso de determinado tipo de extintor dependerá da classe de incêndio; portanto, o adequado emprego dos diferentes tipos evitará que seu operador se submeta a riscos desnecessários, tais como choques elétricos, respingos de líquidos inflamáveis, etc.

EXTINTORES PORTÁTEIS

São aparelhos destinados a combater princípios de incêndio, bastando somente uma pessoa para sua operação. Seu tempo de utilização é de aproximadamente um minuto. A nomenclatura é feita em função dos agentes que eles acondicionam. Para cada classe de incêndio existem um ou mais extintores próprios para combatê-la.

São classificados para uso conforme a classe de incêndio a que se destinam: "A", "B", "C" e "D". Todos os extintores possuem em seu corpo um rótulo de acordo com o sistema internacional de identificação, no qual constarão as classes de incêndio para as quais são indicados.

Os extintores são classificados conforme sua destinação e emprego nas quatro classes de incêndio. No Brasil, o sistema de classificação é baseado em estudos e normas elaborados pela Associação Brasileira de Normas Técnicas (ABNT), reconhecida em todo o território nacional como fórum nacional de normalização e membro do Conselho Nacional de Metrologia, Normalização e Qualidade Industrial do Ministério da Indústria e Comércio.

Todos os extintores fabricados atualmente estão providos de etiquetas de identificação, que permitem ao usuário saber a classe de incêndio a que se destinam e o seu emprego correto.

O manômetro que acompanha alguns extintores, além de indicar a pressão do aparelho (quantidade de gás existente), serve também como válvula de segurança, que se rompe automaticamente com o excesso de pressão, fora dos limites de segurança.

Os principais e mais conhecidos extintores de incêndio são:

- água: na forma de jato compacto;
- espuma química ou mecânica;
- pós químicos à base de bicarbonato de sódio;
- gás carbônico: CO_2.

Extintor de espuma mecânica

Capacidade: 10 litros.

Aplicação: incêndios das classes "A" e "B".

Princípio de funcionamento: a pré-mistura é expelida pelo esguicho lançador, que succiona o ar atmosférico para a formação da espuma, quando é lançada contra o quebra-jato.

Tipos

Pressurizado: a pré-mistura já está sob pressão no cilindro.

Pressão injetada: há um cilindro auxiliar acoplado ao corpo do extintor. A pré-mistura somente será pressurizada no momento da sua abertura.

Métodos de extinção: abafamento (ação principal) e resfriamento (ação secundária).

Pressurizado: antes mesmo de retirá-lo do local onde se encontra, verificar, no manômetro, se a pressão é favorável. Caso seja, retirá-lo de onde se encontra e conduzi-lo até um local seguro, o mais próximo possível de onde será utilizado. Puxar o pino (trava) de segurança e retirar o esguicho proporcionador de espuma do porta-esguicho. Empunhar o esguicho (tendo o cuidado de não obstruir a entrada do ar que é captado para a formação das bolhas, por meio do processo Venturi) e acionar o gatilho, dirigindo o jato à base do fogo, mesmo em caso de incêndio da classe "B".

Pressão injetada: retirar o extintor do local próprio e conduzi-lo próximo de onde será utilizado. Abrir o registro de propelente (CO_2), a fim de pressurizar o cilindro. Puxar o pino de segurança. Retirar o esguicho do porta-esguicho e empunhá-lo devidamente. Acionar o gatilho, dirigindo o jato à base do fogo, mesmo em caso de incêndio da classe "B".

Extintor de espuma mecânica do tipo pressurizado

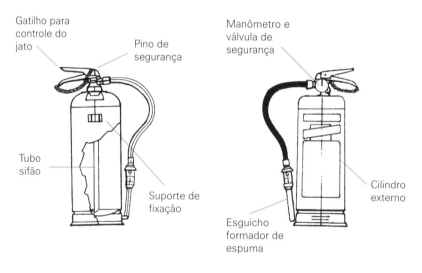

Aspecto externo   *Aspecto interno*

Manejo e utilização

Extintor de espuma mecânica do tipo pressão injetada

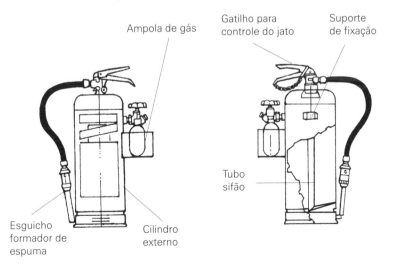

Aspecto externo   *Aspecto interno*

Manejo e utilização

Extintor de espuma química

Obs.: os aparelhos extintores e as carretas de espuma química não são mais fabricados atualmente, bem como não são mais executadas as suas recargas, devendo ser substituídos de acordo com o risco de incêndio do local.

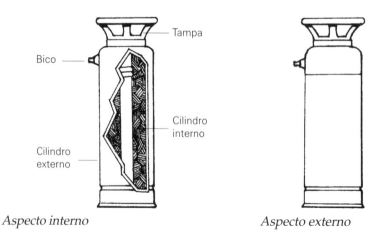

Aspecto interno *Aspecto externo*

Extintor de pó químico seco (PQS)

- **Capacidade:** variada (1, 2, 4, 6, 8, 10 e 12 kg).

  Aplicação: incêndios das classes "B" e "C".

  Princípio de funcionamento: o pó químico seco (à base de bicarbonato de sódio ou potássio) é expelido pela mangueira através de um gás inerte.

  Método de extinção: abafamento.

  ## Tipos

  Pressurizado: o pó já está pressurizado no cilindro. Antes mesmo de retirá-lo do local onde se encontra, verificar no manômetro se a pressão é favorável. Caso seja, retirá-lo de onde se encontra e conduzi-lo até um local seguro, o mais próximo possível de onde será utilizado. Puxar o pino (trava) de segurança e retirar a mangueira e o esguicho do suporte. Empunhar o esguicho e acionar o gatilho, dirigindo o jato à base do fogo, mesmo em caso de incêndio da classe "B".

  Pressão injetada: retirar o extintor do local próprio e conduzi-lo próximo de onde será utilizado. Abrir o registro do propelente, a fim de pressurizar o cilindro. Puxar o pino de segurança. Retirar o esguicho do porta-esguicho e empunhá-lo devidamente. Acionar o gatilho, dirigindo o jato à base do fogo, mesmo em caso de incêndio da classe "B".

Extintor de pó químico seco do tipo pressurizado

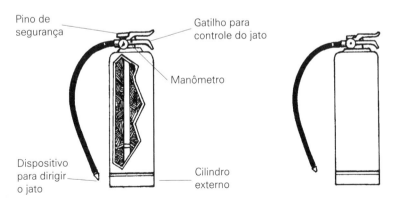

Aspecto interno   *Aspecto externo*

Manejo e utilização

B C

Nota: o extintor utilizado em veículos automotores é o de pó químico seco do tipo pressurizado.

Extintor de pó químico seco do tipo pressão injetada

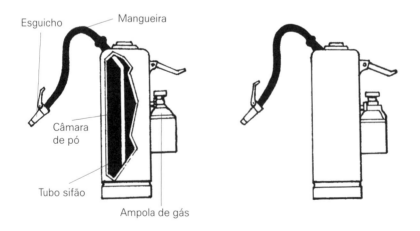

Aspecto interno   *Aspecto externo*

Manejo e utilização

Configuração

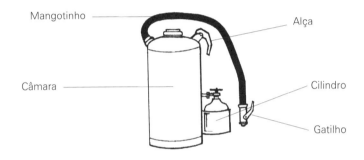

Extintor de água pressurizada

Capacidade: 10 litros.

Aplicação: incêndios de classe "A".

Princípio de funcionamento: a água é expelida pela mangueira através de um gás inerte.

Método de extinção: resfriamento.

Tipos: pressurizado e pressão injetada.

Operação: idêntica ao de pó químico seco.

Configuração: idêntica ao de pó químico seco, diferenciando-se somente na identificação (rótulo).

Extintor de água do tipo pressurizado

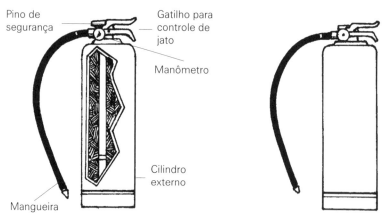

Aspecto interno   Aspecto externo

Manejo e utilização

Extintor de água do tipo pressão injetada

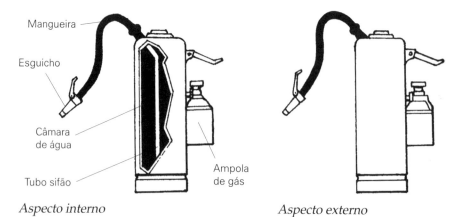

Aspecto interno   Aspecto externo

Manejo e utilização

Extintor de gás carbônico

Capacidade: 6 kg.

Aplicação: incêndios das classes "B" e "C".

Princípio de funcionamento: o aparelho expele um gás inerte mais pesado do que o ar.

Método de extinção: abafamento.

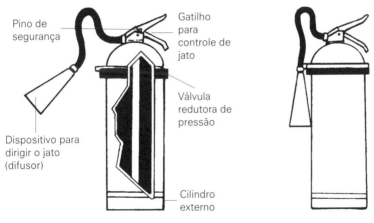

Aspecto interno   *Aspecto externo*

Obs.: o pino ou a válvula de segurança funcionam automaticamente com o excesso de pressão.

Manejo e utilização

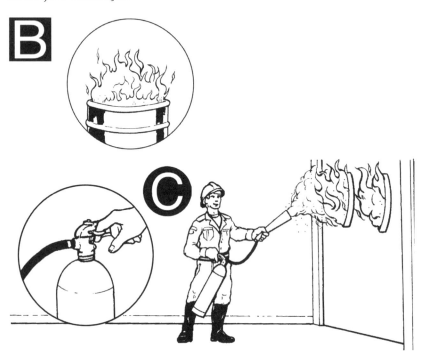

Configuração

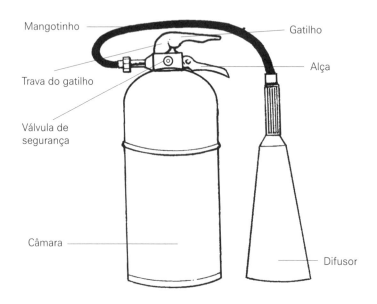

Extintor de pó químico seco para veículos

Capacidade: 1 kg e 2 kg.

Aplicação: incêndios das classes "A", "B", "C".

Operação: rompa o selo de lacração, aperte a alavanca e dirija o jato para a base das chamas. O jato desse extintor pode ser estancado a qualquer momento.

Obs.: com a aprovação pelo Conselho Nacional de Trânsito (Contran) da Resolução nº 157, de 22 de abril de 2004, fica obrigatório o uso do extintor de incêndio automotivo com pó "ABC" para os carros produzidos no Brasil. A lei valerá para os veículos produzidos a partir de janeiro de 2005. A fabricação do extintor com pó "BC" terminou em 2004. Sua substituição pelo extintor "ABC" foi gradual e aconteceu entre 2005 e 2009, à medida que foi vencendo o prazo de validade do teste hidrostático (cilindro), e não da carga. Em 18 de setembro de 2015 foi publicada no Diário Oficial da União a nova Resolução do Contran nº 556, que torna facultativo o uso de extintores de incêndios para automóveis, utilitários, caminhonetes e triciclos de cabine fechada. Consulte a legislação para mais esclarecimentos.

Aspecto interno

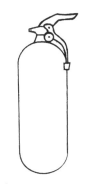

Aspecto externo

Manejo e utilização

Rompa o lacre e levante a alavanca

Aperte a alavanca próxima do gatilho

EXTINTORES DE INCÊNDIO

DISTÂNCIA PARA O COMBATE A INCÊNDIO COM EXTINTORES

Para iniciarmos o combate a incêndio com os extintores, devemos observar, entre outros aspectos, a distância de segurança para o início do combate. Recomenda-se uma distância mínima de 3 metros. Deve-se observar que cada tipo de extintor possui um alcance de jato (veja na tabela).

3 metros

DADOS TÉCNICOS SOBRE EXTINTORES DE INCÊNDIO

Extintor	Classe de fogo	Carga	Agente extintor	Tempo de descarga (em s)	Pressão de trabalho MPa	Peso bruto (kg)	Altura (em cm)	Alcance de jato em média (em m)
H_2O	A	10 L	Água	61-67	1,03	14,3	70,5	10
ESM	AB	10 L	Espuma mecânica	58-60	1,03	15,5	70,5	7
CO_2	BC	6 kg	Gás carbônico	15-19	12,6	19,0	62,0	7
PQS	BC	6 kg	Bicarbonato de sódio	14-20	1,03	8,7	59,0	5
PQS	ABC	4 kg	Fosfato monoamônico	8-15	1,03	6,1	44,5	4,5
PQS	ABC	1 kg	Fosfato monoamônico	8-11	1,35	1,7	33,0	3,5

Inspeção e manutenção dos extintores

A inspeção deve ser entendida como uma verificação sumária e necessária dos extintores no local de sua permanência, para assegurar que estejam em perfeitas condições de operação, isto é, carregados, desobstruídos e livres de obstáculos e danos que impeçam a sua perfeita utilização a qualquer momento.

O valor das inspeções reside principalmente na frequência, regularidade e técnica com que são realizadas.

A frequência das inspeções deverá variar de acordo com a necessidade de cada instalação, uso, riscos existentes, condições de trabalho, particularidade de cada agente extintor, etc. Entretanto, como medida de segurança, os extintores deverão ser inspecionados no mínimo mensalmente.

O encarregado da inspeção deve proceder de modo a verificar o seguinte:

- a localização correta dos aparelhos, isto é, se todos se encontram em seus devidos lugares;

- o seu acesso, isto é, se estão livres e desobstruídos;
- os lacres de carga, pinos de segurança, etiquetas de registro das inspeções;
- os possíveis danos sofridos em eventuais quedas, pancadas, choques, etc.

Toda e qualquer irregularidade observada na inspeção e que possa comprometer o perfeito funcionamento do extintor deve ser sanada imediatamente.

A manutenção é a operação que envolve descarga, desmontagem, reparos, substituições de peças danificadas, pinturas, marcação, testes hidrostáticos, recarga, etc.

As inspeções devem ser feitas em intervalos regulares e sempre que haja necessidade, em virtude de problemas que eventualmente surgirem, tais como uso, acidentes, violação de lacres dos extintores, etc.

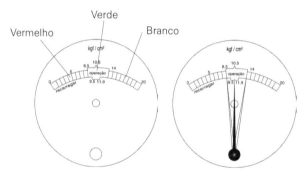

A inspeção objetiva um exame completo dos extintores, de forma que o seu funcionamento seja seguro e eficiente. É realizada por meio de vistorias periódicas, nas quais são verificados: localização, acesso, visibilidade, rótulo de instrução, lacres, selos indicativos, peso, danos físicos, entupimentos de bicos e mangueiras, peças soltas ou quebradas, pressão.

Inspeções

- **Semanais**: verificar acesso, visibilidade e sinalização.
- **Mensais**: verificar se os bicos ou as mangueiras não estão obstruídos. Observar a pressão do manômetro, o lacre e o pino de segurança.

- **Semestrais**: verificar o peso do extintor de CO_2. Se estiver com 10% a menos do peso especificado, refazer a recarga.
- **Anuais**: verificar se não há dano físico no extintor, avaria no pino de segurança, lacre, válvula e alívio, e examinar o nível da espuma mecânica.

    Obs.: sugere-se que anualmente sejam verificadas todas as cargas de todos os tipos de extintores e a garantia fornecida pela empresa prestadora de serviço.

- **A cada 5 anos**: teste hidrostático e revisão geral.

    Os extintores portáteis devem estar:

- visíveis (bem localizados);
- desobstruídos (livres de qualquer obstáculo que possa dificultar o acesso até eles);
- sinalizados (para melhor visualização, caso não estejam visíveis).

Os extintores deverão ter um lugar fixo, de onde serão retirados somente por três motivos:

- para manutenção (recarga, conserto ou revisão);
- para exercícios (treinamento ou instrução);
- para uso em caso de incêndio.

Especificação para instalação dos extintores

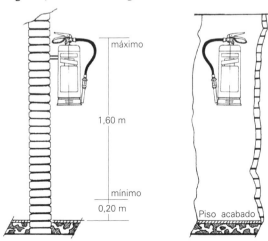

Sinalização normatizada de extintores

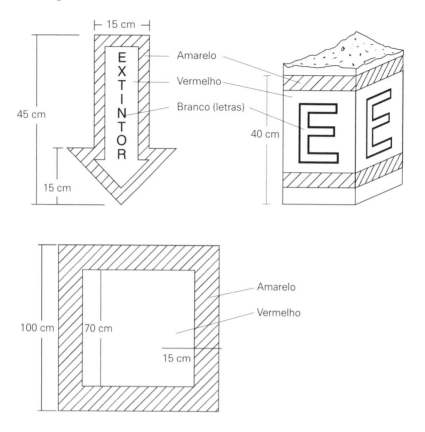

Selo de garantia

A inspeção, a manutenção e a recarga de extintores de incêndio devem observar o previsto na Norma Brasileira (NBR 12.962).[1] Atualmente adota-se um selo de execução dos serviços, impresso em papel especial, de cor levemente esverdeada, que possui uma marca-d'água, o símbolo do Inmetro na cor prata, o organismo de certificação e a identificação da empresa de manutenção.

---

[1] Disponível em: http://www.abnt.org.br. Acesso em: jun. 2021.

Importante: Na manutenção dos aparelhos extintores de incêndio, a empresa encarregada deverá colocar um anel plástico amarelo no gargalo do extintor, o que comprovará a abertura do cilindro.

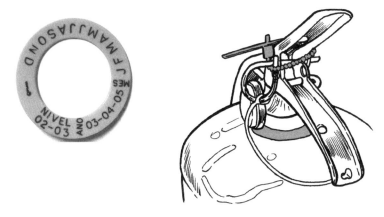

Devemos observar também as Normas Brasileiras específicas para cada tipo de extintor de incêndio, de acordo com a sua carga:

- Extintor de pó químico seco – NBR nº 10.721;
- Extintor de água pressurizada – NBR nº 11.715;
- Extintor de dióxido de carbono (gás carbônico) – NBR nº 11.716;
- Extintor de espuma mecânica – NBR nº 11.751.

A empresa encarregada da manutenção deverá fornecer um selo de identificação no qual devem constar os serviços prestados, a inspeção ou a manutenção realizada. A inspeção poderá ser realizada no próprio local onde o extintor encontra-se instalado, e o selo de garantia deverá ser fornecido.

EXTINTORES SOBRE RODAS (CARRETAS)

As carretas nada mais são do que extintores de grande volume que, para facilitar seu manejo e deslocamento, são montados sobre rodas.

As carretas são posicionadas em locais onde há grande quantidade de materiais estocados e substituem o número de extintores correspondentes à sua capacidade.

De modo geral, a aplicação e o manejo dos extintores sobre rodas são similares à aplicação e ao manejo dos tipos manuais equivalentes, diferindo quanto à área de riscos que cobrem, a distância que podem ser deslocados, ao número de pessoas que os operam e a alguns procedimentos para operação.

Válvula de descarga

A válvula de descarga é confeccionada em latão forjado e acoplada na parte superior do recipiente, possui acionamento tipo alavanca e dispositivo de alívio regulável tipo parafuso de ponta atuante.

A válvula de descarga é utilizada em vários tipos de carreta e permite um melhor controle do jato do aparelho extinto, bem como uma estanqueidade mais eficiente.

O extintor sobre rodas do tipo espuma mecânica é operado como indicado abaixo.

1) Levar o extintor ao local do fogo.   2) Retirar a mangueira do suporte.

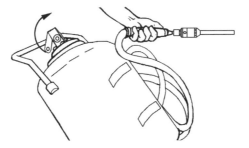

3) Abrir a válvula de descarga.

4) Atacar o fogo dirigindo o jato à sua base.

O extintor sobre rodas carregado com dióxido de carbono é operado como indicado abaixo.

1) Levar o extintor para o local do fogo.

2) Retirar a mangueira.

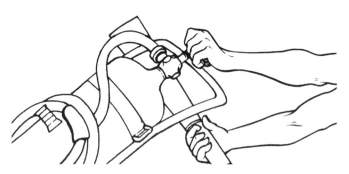

3) Abrir a(s) válvula(s).

4) Atacar o fogo.

O extintor sobre rodas do tipo PQS com cilindro de gás é operado como indicado abaixo.

1) Levar o extintor ao local do fogo.

2) Retirar a mangueira.

3) Abrir o cilindro de gás.

4) Abrir a(s) válvula(s) de pó.

5) Atacar o fogo.

EXTINTORES DE INCÊNDIO

O extintor sobre rodas do tipo água-gás é operado como indicado abaixo.

1) Levar o extintor ao local do fogo.

2) Retirar a mangueira do suporte.

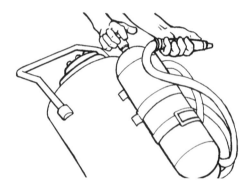

3) Abrir a válvula do cilindro.

4) Atacar o fogo dirigindo o jato à sua base.

DADOS TÉCNICOS SOBRE EXTINTORES SOBRE RODAS (CARRETAS)

Carreta	Classe de fogo	Carga	Agente extintor	Tempo de descarga (em s)	Pressão de trabalho MPa	Peso bruto (em kg)	Altura (em m)	Alcance de jato em média (em m)
H_2O	A	75 L	Água	150-157	1,35	124,0	1,30	13
ESM	AB	50 L	Espuma mecânica	260-262	1,35	98,0	1,15	10
CO_2	BC	25 kg	Gás carbônico	24-27	12,6	90,0	1,36	4
PQS	BC	20 kg	Bicarbonato de sódio	37-40	1,03	29,7	1,06	6

Correlação dos agentes extintores com as classes de incêndio

CLASSE DE INCÊNDIO	DIÓXIDO DE CARBONO	ÁGUA	PQS	ESPUMA MECÂNICA
"A"	**Sim** Pouco eficiente	**Sim** Indicado	**Sim** Pouco eficiente	**Sim** Razoável
"B"	**Sim** Indicado	**Não**	**Sim** Indicado	**Sim** Indicado
"C"	**Sim** Indicado	**Não** Risco do operador	**Sim** Pode danificar o aparelho	**Não** Risco do operador
"D"	**Não**	**Não**	Só PQS especial	**Não**
Tempo de descarga	6 kg 25 s	10 litros 60 s	4 kg 10 s	10 litros 60 s
Alcance do jato	6 kg 1 a 2 m	10 litros 9 m a 12 m	10 litros 5 m	10 litros 9 m a 10 m
Efeito	Abafa Resfria	Resfria	Abafa	Abafa Resfria

3 Hidrantes

São canalizações metálicas que conduzem a água sob pressão desde os reservatórios (elevados ou subterrâneos) até os seus terminais simples ou duplos, onde são acoplados seus acessórios.

Ainda podemos defini-los como dispositivos existentes em redes hidráulicas, que possibilitam a captação de água para emprego nos serviços de bombeiros, principalmente no combate a incêndios.

Tipos de hidrantes
HIDRANTES SUBTERRÂNEOS

São aqueles que estão ligados à rede hidráulica, situados abaixo do nível do solo, com suas partes constitutivas (expedição e comando de

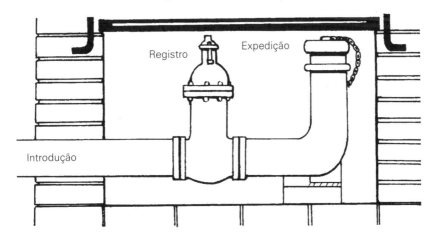

registro) colocadas em uma caixa de alvenaria, fechada por uma tampa de ferro fundido.

HIDRANTES DE COLUNA

Também denominados emergentes, combinam as formas permanentes de hidrantes e aparelhos de hidrantes, sendo dotados de meios de conexão direta às mangueiras. Os hidrantes de coluna possuem uma, duas ou três expedições para a conexão de mangueiras.

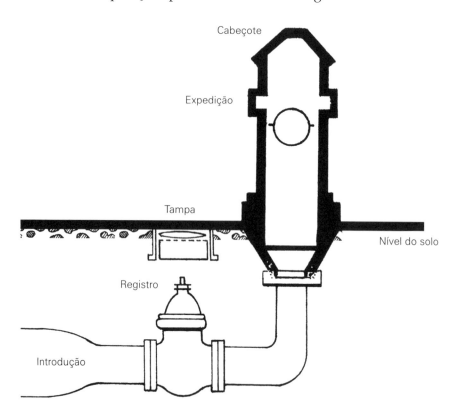

HIDRANTES DE PAREDE

São aqueles utilizados nas empresas particulares em instalações de proteção contra incêndios, embutidos em paredes (ou encostados a elas), a cerca de 1 metro do piso, podendo ser dispostos em abrigo especial, onde também se acham os lances de mangueiras, esguichos e chaves de mangueiras.

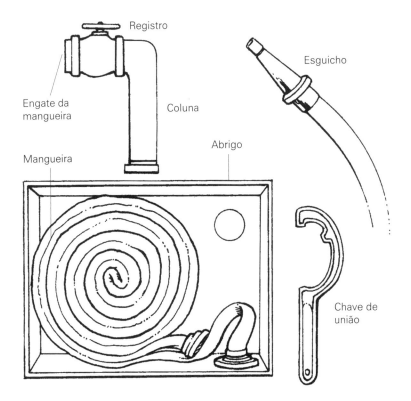

Hidrantes e mangueiras

Sistema de proteção por hidrantes é o conjunto de canalização, abastecimento de água, válvulas ou registros, colunas (tomadas de água), mangueiras de incêndio, esguichos e meios de aviso e alarme.

O conjunto compreende:

- **abrigo**: compartimento destinado a proteger as mangueiras e demais pertences dos hidrantes;
- **esguicho**: dispositivo destinado a formar e orientar o jato de água;
- **requinte**: bocal rosqueado ao esguicho, destinado a dar forma ao jato;

- **mangueiras**: tubos flexíveis, constituídos internamente de borracha e protegidos externamente com lona;
- **chaves de união**: peças destinadas a facilitar a conexão das uniões ou engates;
- **engates rápidos**: peças localizadas nas extremidades das mangueiras, destinadas a interligá-las e conectá-las ao sistema de hidrante.

Acondicionamento: o mais recomendável para as mangueiras de incêndio é o do tipo aduchado ou dobrada enrolada. Esse tipo de acondicionamento permite um rápido e seguro manuseio delas.

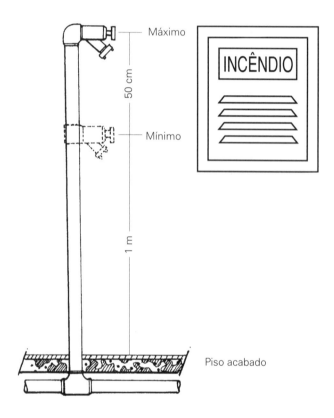

Especificação para instalação de abrigo de mangueiras e altura do hidrante

Registro de recalque

Terminal de tubulação metálica, destinado a receber água sob pressão externa à rede de incêndio, para utilização em casos de emergência. Pode ser encontrado no passeio (calçada) ou na parede no interior da empresa.

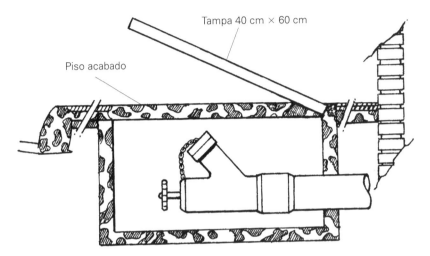

Recalque no passeio

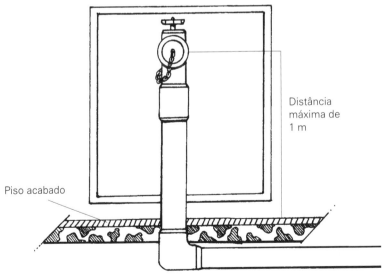

Recalque da parede

Sinalização normatizada para hidrantes

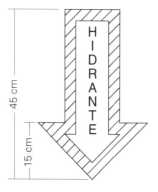

Setas vermelhas, bordas amarelas e letras brancas

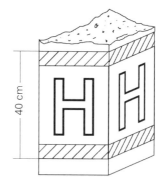

Faixas vermelhas, bordas amarelas e letras brancas

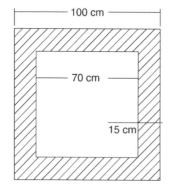

Para hidrante simples

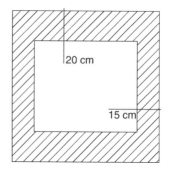

Para hidrante duplo vermelho/amarelo

Dispositivos especiais

SPRINKLERS [CHUVEIROS AUTOMÁTICOS]

O sistema consiste na distribuição de encanamentos ligados a um encanamento central, do qual saem ramificações de tubos cujos diâmetros diminuem à medida que se afastam da linha principal. Nessas ramificações são instalados os bicos que dão vazão à água, cuja quantidade e cujo tipo variam de acordo com o risco a proteger.

O sistema consta basicamente de uma bomba e um encanamento de alta pressão, com saídas que entram em funcionamento a partir de uma determinada temperatura, programada de acordo com a mercadoria ou área a ser protegida em cada ramificação. Cada saída tem uma ampola com um líquido que se dilata com o calor, fazendo com que o vidro se quebre, liberando a água do encanamento sob a forma de ducha.

Os chuveiros automáticos (*sprinklers*) devem ter seus registros sempre abertos, e um espaço livre de pelo menos 1 metro abaixo e ao redor dos defletores dos chuveiros, a fim de assegurar uma inundação eficaz em caso de incêndio.

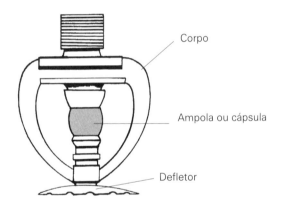

CÓDIGO DE CORES DAS AMPOLAS OU CÁPSULAS	
TEMPERATURA DE RUPTURA °C	COR
57	laranja
68	vermelho
79	amarelo
93	verde
141	azul
182	roxo
204/260	preto

Mangueiras

HISTÓRICO

Os primeiros bombeiros de que se tem notícia foram os chineses e, posteriormente, de uma forma mais organizada, os romanos.

Eles criaram as primeiras brigadas de incêndio, constituídas de grupos de legionários e escravos, que à noite se encarregavam de fazer a ronda pelas cidades por eles fundadas. Eles também tiveram o cuidado de estabelecer o primeiro código de prevenção, instituindo a obrigatoriedade da construção de cisternas – reservatórios de água, em frente de todas as casas, com a finalidade principal de terem água disponível para o combate a incêndios pelas brigadas.

A mangueira propriamente dita nasceu muitos séculos depois, com a necessidade de transportar água para o local do incêndio, operação que até então era realizada manualmente por odres (sacos feitos de couro para transportar líquidos).

Desde os tempos coloniais, utilizando mangueiras de couro, os bombeiros tinham de se esforçar para fazer a água chegar até o fogo. Essas mangueiras eram feitas de couro curtido, costurado com grampos de latão. Elas eram duras, extremamente pesadas quando úmidas, de difícil acoplamento, e, com o clima frio, era tão difícil manuseá-las quanto um cano de ferro.

Tipo de odre

Na Inglaterra, em 1811, foram fabricadas as primeiras mangueiras de tecido. Com o aparecimento dos teares circulares (máquinas de tecer de forma circular), surgiram as mangueiras de tecidos, que foram produzidas e comercializadas pela empresa Salford. Essas mangueiras eram tecidas com fibras naturais (linho, juta, cânhamo, etc.) e não possuíam nenhum revestimento interno.

A impermeabilização das mangueiras era obtida pelo inchaço das fibras, que aumentavam de volume ao serem molhadas. Elas apresentavam problemas de vazamento, grande perda de pressão ao longo da linha, em consequência do atrito da água com o tecido, que não era suficientemente liso, além de serem constantemente atacadas por fungos (micro-organismos vegetais), que provocavam o apodrecimento do tecido, apesar de todos os cuidados e dos longos períodos de secagem necessários.

Em 1868, J. B. Forsyth patenteou um processo de impermeabilização, por meio da introdução de um tubo de borracha dentro da mangueira de tecido, colado pela ação do vapor em alta temperatura.

Esse processo, hoje conhecido por vulcanização, só veio a ser utilizado com sucesso quase um século depois, com o desenvolvimento de novos tipos de borracha e de produtos químicos, que aumentaram a sua durabilidade.

Nos anos 1960, as fibras sintéticas começaram gradativamente a substituir as fibras naturais, trazendo, com isso, inúmeras vantagens: redução do peso, capacidade para suportar maiores pressões hidráulicas, baixa absorção da água, ausência de fungos e maior facilidade de manutenção.

Podemos observar, portanto, que as mangueiras de incêndio, desde o seu aparecimento até os nossos dias, passaram por dois estágios de evolução: um quanto à concepção (das mangueiras de lona simples para as mangueiras com revestimento interno, de borracha) e outro quanto à matéria-prima (das fibras naturais para as fibras sintéticas).

No Brasil, as atividades de proteção contra incêndio começaram em meados do século XVIII no Rio de Janeiro e depois em São Paulo, onde foi criado o primeiro Núcleo de Bombeiros da Guarda Republicana.

Evidentemente naquela época não existiam fábricas de equipamentos de combate a incêndios, e o material necessário era proveniente principalmente da Inglaterra.

As mangueiras de incêndio, consequentemente, também eram importadas, sendo então fabricadas com fibras naturais e sem revestimento interno.

O primeiro fabricante no Brasil de que se tem conhecimento foi Costa Muniz. Era uma empresa tradicional, que começou a produzir mangueiras de cânhamo, sem revestimento interno. Depois vieram as mangueiras de algodão, e, ainda assim, se continuava a importar mangueiras do Velho Mundo.

Na década de 1950, apareceu o rami, uma fibra produzida no Nordeste brasileiro, substituindo o algodão com bons resultados. Nessa época, o Brasil começou a ter dificuldades de importação e empresas estrangeiras se interessaram em instalar-se aqui, trazendo tecnologia.

A princípio, essas mangueiras eram tecidas com fibras naturais. Em 1963, começaram a ser produzidas mangueiras de poliéster e, posteriormente, foram desenvolvidas mangueiras com revestimento interno e externo de borracha.

O que é mangueira de incêndio?

Mangueira de incêndio é o nome dado ao condutor flexível utilizado para conduzir a água sob pressão da fonte de suprimento ao lugar onde deve ser lançada. Flexível porque permite o manuseio da mangueira para todos os lados, resistindo a pressões relativamente altas. As que possuímos são equipadas com junta de união tipo engate rápido para possibilitar a fácil utilização nos hidrantes.

MATERIAIS DAS MANGUEIRAS

São feitas de fibras de tecido vegetal (algodão, rami, linho, etc.) ou de tecido sintético (poliéster), todas revestidas internamente de borracha. Resistem aos serviços dos bombeiros, à abrasão, a pressões hidrostáticas e hidrodinâmicas. As mangueiras sintéticas são indicadas para os locais onde exista a ação de ácidos, solventes, gases hidrocarbonetos, etc.

TIPOS DE ACOPLAMENTO

As mangueiras podem vir acopladas em juntas de união de rosca "macho-fêmea" (tipo americano) e de engate rápido (tipo alemão).

LINHA DE MANGUEIRA

Denomina-se "linha de mangueira" o conjunto de uma ou mais mangueiras acopladas entre si, utilizadas nos trabalhos de extinção de incêndio. Existem dois tipos básicos de "linhas de mangueiras":

1. **Linha adutora**: empregada unicamente para o transporte de água da fonte de abastecimento até as imediações do incêndio. São utilizadas mangueiras de 63 mm.

2. **Linha de ataque**: utilizada para o ataque direto do fogo. São utilizadas mangueiras de 38 mm.

CUIDADOS

Como as mangueiras fazem parte do equipamento mais importante do bombeiro, representam um alto custo, e geralmente são utilizadas em locais desfavoráveis, devem ser objeto de atenção e cuidados que permitam sua maior durabilidade em boas condições de uso. Por isso recomendamos:

- abrigá-las em locais suficientemente arejados;

- não arrastá-las sobre superfícies ásperas, entulhos, quinas de paredes, bordas de janelas, telhados ou muros, principalmente quando molhadas ou cheias de água;

- não devem ser colocadas sob vazamentos – de óleos, ácidos, substâncias químicas – que possam atacar e destruir as fibras do tecido ou o revestimento de borracha;

- as juntas não devem ser batidas ou arrastadas por causa do risco de amassamento;

- não deve ser permitida a passagem de veículos sobre as mangueiras;

- com água sob pressão, as mangueiras nunca devem ser dispostas de modo a formar ângulo, devendo suas mudanças de direção serem curvas ("seios" de mangueiras);

- não devem ser colocadas sobre superfícies excessivamente aquecidas;

- não se deve permitir que elas recebam mudanças bruscas de pressão internamente, ocasionadas por fechamento rápido de esguichos, expedições ou dobras.

CONSERVAÇÃO

Para manter as mangueiras em bom estado de uso, devem ser observadas as seguintes regras:

- mantê-las desligadas dos hidrantes;
- examiná-las visualmente quanto a rupturas.

Quando feita a descarga de água, as mangueiras devem ser cuidadosamente lavadas com água pura e escova de fibras longas e macias. Terminado o trabalho, os lances da mangueira são desacoplados e colocados estendidos no solo da maneira mais reta possível.

A seguir, um dos bombeiros, partindo do ponto mais alto do piso, levanta a mangueira à altura do ombro ou da cabeça e, ao lado ou sobre ela, de ponta a ponta, levanta-a sucessivamente por partes, até provocar a total saída de água de seu interior. Em seguida, ela é achatada ao solo, enrolada de uma ponta à outra e levada ao local de secagem (esgotamento).

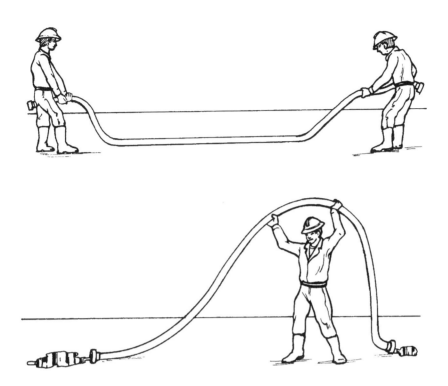

Esgotamento de mangueiras

Nenhum produto ou sabão deverá ser utilizado nessa lavagem, exceto no caso de a mangueira ter sido atingida por óleo, graxa, ácido ou qualquer outro produto químico. Em tais situações, admite-se o emprego de água morna e sabão neutro, devendo a mangueira ser enxaguada em seguida, a fim de ser retirado completamente o sabão.

Após a lavagem, deve ser posta para secar, o que deve ser feito à sombra e em local bem ventilado. Em certas épocas, a secagem pode demorar até três meses.

Meios utilizados para a secagem:

- suspensa, de preferência por uma de suas juntas;
- suspensa e dobrada ao meio;
- estendida em plano inclinado.

Anualmente devemos testar todos os lances de mangueira, de acordo com as especificações do fabricante. A mangueira predial, que é de lona simples, deve ser testada a 15 kg/cm^2.

TRANSPORTE DE MANGUEIRAS

Primeiro método

A junta de união da mangueira deve estar sempre voltada para quem vai transportá-la.

O bombeiro, com um dos joelhos apoiado sobre o solo, inclina o corpo para a frente e segura lateralmente o rolo de mangueira com ambas as mãos. Para deslocar-se, deve proceder de acordo com o que mostram as ilustrações abaixo.

Segundo método

Nesse caso, a mangueira é transportada e apoiada sobre a palma da mão, com o braço estendido, próximo ao corpo, mantendo a junta de união voltada para a frente e para baixo. O levantamento inicial da mangueira, já aduchada, é análogo ao procedimento do primeiro método.

ENROLAMENTO DE MANGUEIRAS

É feito com os lances dobrados ou enrolados. A forma enrolada é a mais usual nas indústrias, por ser a mais prática.

Para se enrolar um lance de mangueira, deve-se estender a mangueira e dobrá-la de modo que a junta da dobra superior fique sobre a dobra inferior a uma distância de aproximadamente 0,90 m. Essa forma é conhecida como tipo "marinha" ou aduchada.

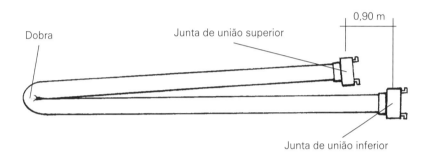

Enrolar em seguida, começando pela dobra, tendo o cuidado de manter a mangueira bem paralela e o rolo bem ajustado. Parar de enrolar quando o rolo atingir a junta da dobra superior. A seguir, trazer para sobre o rolo a junta da dobra inferior.

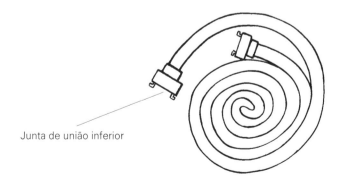

Acessórios complementares

ESGUICHO

Tubo metálico de seção circular dotado de junta storz na extremidade de entrada e saída livre, podendo possuir um sistema para comando.

Utilizado como terminal da linha de mangueira, tendo a função de regular, dirigir, dar forma e controlar a aplicação do jato d'água.

ESGUICHO TIPO AGULHETA

Tubo metálico de forma tronco-cônico constituído de um único corpo, ou tendo, na extremidade de saída, uma rosca para conexão de requintes. Divide-se em três partes: base, corpo e ápice.

Utilizado quando a solicitação for de jato sólido. Não possui comando para variação de jato.

Requinte é uma peça metálica dotada de rosca fêmea e de uso no ápice do esguicho, tendo a função de determinar o diâmetro de saída do jato d'água.

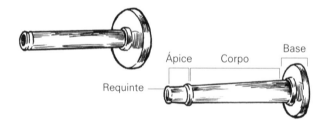

ESGUICHO REGULÁVEL

Corpo metálico cilíndrico de desenho variável, em função do fabricante, tendo, necessariamente, uma extremidade de entrada com junta storz e comando tríplice para as operações de fechamento, jato chuveiro e jato compacto.

Utilizado nas ações que exigem alternância de tipos de jatos e que possam ter diversas classes de incêndio envolvidas.

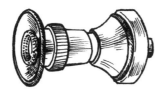 

ESGUICHO APLICADOR DE NEBLINA

Consiste em um tubo metálico longo e curvo em uma das extremidades. É dotado de orifícios circulares em toda a extensão da extremidade curva, possuindo junta storz na extremidade reta.

Utilizado nas ações de combate, onde se deseja que a água lançada em finas partículas forme uma neblina, atuando dessa forma por abafamento.

REDUÇÃO

É uma peça metálica de engate rápido, utilizada para reduzir o diâmetro dos hidrantes ou mangueiras de 63 mm para 38 mm.

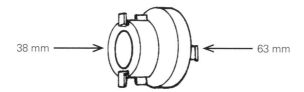

DERIVANTE

Aparelho metálico com registros, introdução de 63 mm e expedições de 38 mm, todas de engate rápido. É utilizado no término da linha adutora, possibilitando a armação de suas linhas de ataque, quando existe uma certa distância entre o hidrante mais próximo e o local do incêndio.

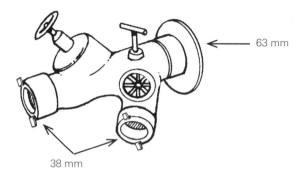

CHAVE DE MANGUEIRA

Peça metálica utilizada para facilitar os acoplamentos e desacoplamentos das mangueiras, quando, por motivo de pressão, a força física do bombeiro não for suficiente.

Armação de linhas de mangueiras

TIPOS DE LINHA DE ATAQUE

Os acoplamentos dos equipamentos hidráulicos deverão ser feitos segurando-se uma junta de união em cada mão, encaixando-se os pinos nas fendas e girando as mãos em sentido contrário até encontrar resistência.

Para desacoplar esses equipamentos, deve-se adotar o procedimento inverso. Quando a pressão das mãos não for suficiente para girar as uniões, usam-se as chaves de mangueira.

As mangueiras, depois de colocadas no chão, próximas ao hidrante, são montadas conforme os exemplos abaixo esquematizados.

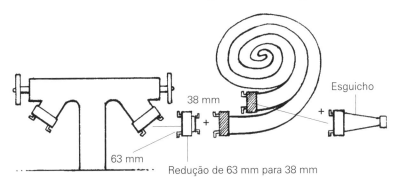

Linha de ataque de 38 mm, formada por hidrante de 63 mm, com redução de 63 mm para 38 mm, mangueira e esguicho de 38 mm.

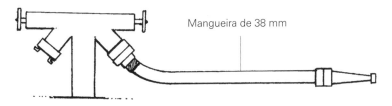

Linha de ataque de 38 mm, montada.

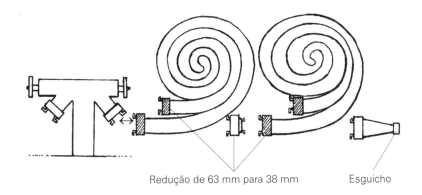

Linha de ataque constituída de mangueiras de 63 mm e 38 mm, formada por hidrante de 63 mm com uma primeira mangueira, também de 63 mm, redução de 63 mm para 38 mm e esguicho de 38 mm.

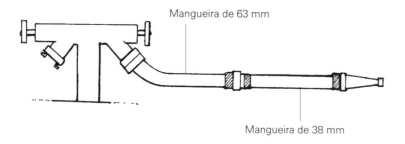

Linha de ataque de 63 mm e 38 mm, montada.

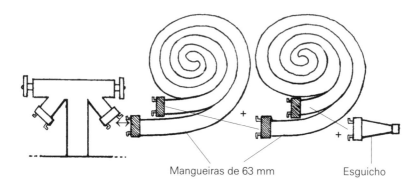

Linha de ataque constituída de mangueiras de 63 mm (a coluna de água que se forma nessa linha de ataque é muito pesada e, por conseguinte, difícil de ser manobrada, ainda que por dois bombeiros).

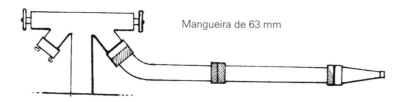

Linha de ataque de duas mangueiras de 63 mm, montada.

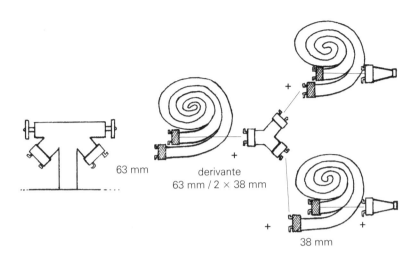

Linha adutora é aquela formada por uma mangueira de 63 mm, em cujo extremo há um derivante de 63 mm para duas saídas de 38 mm, onde estão acopladas as mangueiras e os esguichos de 38 mm.

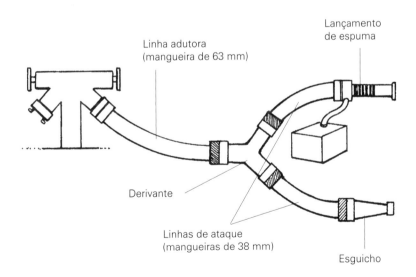

Linha adutora montada.

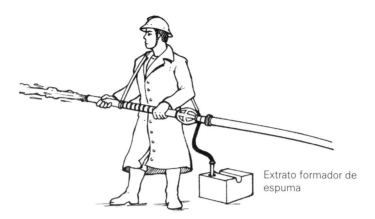

Extrato formador de espuma

Linha de espuma mecânica, obtida com a utilização de um esguicho denominado "lançador de espuma", o qual mistura a água com o extrato formador de espuma. Usado para extinção de incêndio da classe "B".

TIPOS DE JATO DE ÁGUA

No combate a incêndios, os tipos de jatos mais utilizados são:

- **Jato sólido**: jato formado por um tubo único e totalmente denso de água, tipo tronco-cônico, não sendo oco internamente. A água sai do esguicho com a forma de um tubo cilíndrico e comprido, apresentando características de volume e forma bem-definidas como se fosse um filete. Esse jato é produzido pelo esguicho agulheta e é utilizado para atingir locais com maiores distâncias, como incêndios que exijam penetração nos materiias combustíveis ou grande volume de água, entre outros.

Esguicho agulha   Jato sólido

- **Jato chuveiro**: jato formado por pequenas gotas de água que se assemelham a uma chuva. É produzido pelo esguicho regulável e tem a aparência de um cone de 90° com a abertura voltada para a frente. É utilizado para a aproximação em incêndios, pois fornece ótima proteção do calor irradiado e também tem grande poder de cobertura, ajudando a extinguir rapidamente as chamas. Pode ser utilizado também com um cone de 45° (chamado de jato meio-chuveiro) que atinge maior distância no combate ao incêndio e ainda fornece uma razoável proteção ao calor irradiado.

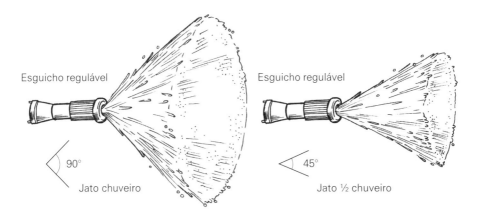

- **Jato compacto**: jato formado pelo agrupamento dos diversos filetes de água produzidos pelo esguicho regulável. Esse tipo de jato possui o centro oco, pois os filetes são produzidos pelas ranhuras externas da parte frontal do esguicho, como podemos observar na figura a seguir. Esse tipo de jato não pode ser confundido com o jato sólido, pois possui formato e vazão diferenciados.

- **Jato neblina**: jato formado pela água aspergida em pequenas e finas partículas em forma de névoa, como um vapor aquoso que se espalha pelo ambiente. É conseguido por esguichos especiais e com bombas de alta pressão. Dessa forma, a água atinge sua maior ação extintora, pois resfria o ambiente e ainda abafa. Não deve ser confundido com o jato tipo chuveiro.

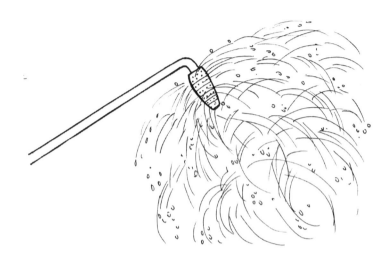

Ao mencionado esguicho "universal", pode ser acoplado um aplicador de neblina de 2 m a 3 m de comprimento, que permite a aplicação a pontos inacessíveis, tais como tanques, depósitos abertos, áticos, etc.

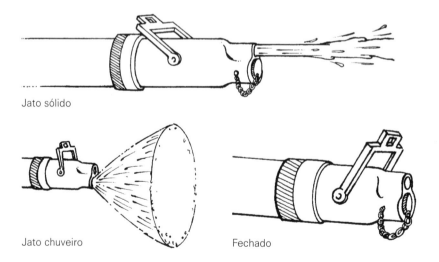

Jato sólido

Jato chuveiro

Fechado

Exemplos de posições e jatos do esguicho universal

FORMAS BÁSICAS DE ATAQUE AO FOGO

1. **Ataque direto:** consiste em uma forma de ataque na qual o jato d'água é jogado diretamente na base do fogo, agindo por resfriamento. Podem ser utilizados jatos de longa duração, em incêndios maiores, ou jatos curtos, em focos de incêndio, para a extinção completa das chamas.

2. **Ataque indireto:** nesta forma de ataque, o jato d'água é dirigido ao teto do local incendiado onde exista o maior acúmulo de caloria, de modo a produzir uma grande quantidade de vapor d'água que preencherá rapidamente todo o local sinistrado e apagará o fogo por abafamento. Esse vapor d'água não penetrará nos materiais, apagando os focos somente em sua superfície. Assim, após a saída do vapor produzido, deverá ser realizado combate adentrando-se no local sinistrado e extinguindo-se os pequenos focos restantes.

3. **Ataque combinado:** consiste em uma forma na qual se faz o jato d'água girar para a direita. Desta maneira, ele atingirá o teto do local incendiado, as paredes e também o chão, mesclando as duas formas de ataque (direto e indireto). Esta forma de ataque combinado produzirá, então, uma grande quantidade de vapor d'água, menos densa que a do ataque indireto, mas muito mais rápida, que preencherá todo o local sinistrado e apagará o fogo por abafamento.

- **Equilíbrio térmico:** os gases na natureza possuem um comportamento natural quanto a suas temperaturas: os gases quentes sobem, e os frios tendem a descer. Esse fenômeno é chamado **equilíbrio térmico**. Quando esse equilíbrio é quebrado, num caso de incêndio, os gases frios e quentes não deixam o ambiente, dificultando a visão e o acesso ao local sinistrado.

Obs.: os vapores d'água produzidos pelos ataques indireto e combinado agem por abafamento e apagam rapidamente os focos de incêndios nas superfícies sinistradas. Assim, ajudam a remover os gases tóxicos e a fumaça e também facilitam uma melhor visualização, bem como a penetração no local sinistrado.

POSIÇÃO DOS BOMBEIROS NAS LINHAS DE ATAQUE

Seja qual for o tipo de jato a ser utilizado numa extinção de fogo, as linhas de ataque deverão sempre compor-se de dois bombeiros no mínimo, conforme ilustra o desenho a seguir.

Obs.: a distância entre os bombeiros/brigadistas poderá ser reduzida, bem como o número de combatentes em cada linha poderá ser ampliado caso a pressão o exija. Os auxiliares deverão apoiar o chefe de linha com a mão, antebraço ou ombro para dar melhor equilíbrio durante o combate ao fogo.

4 Equipamentos e sistemas de proteção contra incêndio

Escadas

Constituem equipamentos indispensáveis às equipes de bombeiros. Consideradas material de escalagem, servem para facilitar o acesso a locais difíceis.

Existem escadas simples e prolongáveis. Suas partes principais são as duas estruturas laterais, denominadas *banzos*, e as barras transversais encaixadas nos banzos, denominadas *degraus*. Os pés das escadas possuem dispositivos antiderrapantes.

O topo das escadas é a extremidade superior. *Lanço* é cada parte de uma escada prolongável.

Trataremos apenas da escada tipo prolongável, e recomendamos que ela seja manobrada por três homens (um chefe e dois ajudantes), que são denominados "turma da escada".

TRANSPORTE

Dois bombeiros se colocam do mesmo lado da escada, um em cada extremidade, e outro no meio, todos com a face voltada para o lado contrário ao deslocamento.

Se a escada estiver no chão, levantam-na de maneira a ficar somente com um dos banzos apoiados no solo.

Com a mão direita, o primeiro e o último bombeiros seguram o primeiro e o último degraus, respectivamente. Levantam a escada até a altura do ombro, giram o corpo voltando a frente para a direção a seguir, enquanto introduzem o braço direito entre os degraus, e com a mão desse braço seguram o degrau da frente ou o banzo que está apoiado no ombro.

O deslocamento deverá ser feito em passo acelerado, mantendo-se a mesma cadência.

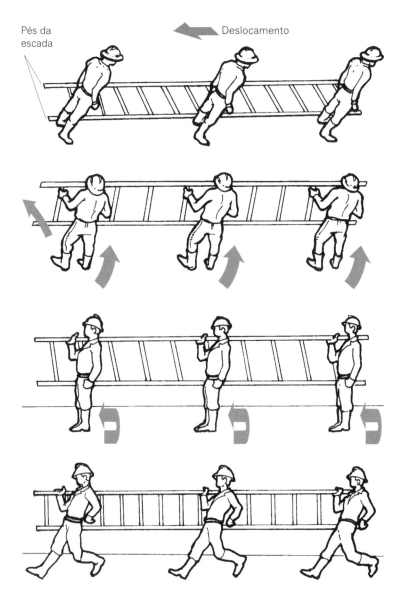

ARMAR

Os bombeiros colocam a escada no solo com os pés para a frente, a uma distância da parede equivalente a 1/3 da altura da escada.

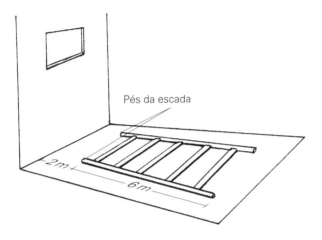

O bombeiro situado ao lado do pé da escada coloca cada um de seus pés em cada ponta dos banzos, abaixa-se de cócoras e dirige seu corpo para a frente, segurando o degrau ao seu alcance.

Outro bombeiro toma posição ao lado da escada, pouco além do seu meio, voltado para o topo, e, segurando um dos degraus, levanta-a até poder, com um giro de corpo, tomar posição sob a mesma. Continua a erguê-la deslocando-se para o lado do pé da escada, segurando os degraus sucessivamente, até atingir a vertical.

O chefe, pela frente, empunha a corda, e os ajudantes, um de cada lado dos banzos, seguram a escada pela parte externa destes. O chefe suspende o lanço superior até a altura desejada e prende o clique no degrau correspondente. Ambos apoiam a escada no local onde vai ser utilizada.

DESARMAR

Coloque um dos pés no primeiro degrau para firmar a escada, ponha-a na posição vertical e proceda de maneira inversa à proposta anteriormente. Feito isso, é recolhido o lanço superior, a escada é deitada no solo e os bombeiros tomam a posição indicada para o transporte.

SUBIR E DESCER

O chefe da turma não deve avançar mais do que um degrau de cada vez e deve evitar, tanto quanto possível, balançar a escada. Ao passar pela altura dos cliques, deve verificar se estão bem trancados. Para subir em escadas com a mangueira já desenrolada, o homem passa a extremidade dela pela frente do peito, em diagonal, e coloca-a sobre o ombro esquerdo, de maneira que o esguicho fique às suas costas.

Se a linha de mangueira for muito comprida, deverá ser auxiliado pelo bombeiro ajudante.

O segundo a subir será o ajudante, que ficará cerca de 8 a 10 degraus na retaguarda, apoiando a mangueira no seu ombro direito.

Caso seja necessário, o ajudante firmará a perna na escada e puxará a quantidade necessária de mangueira.

A escada pode ser fixada no local preestabelecido com o auxílio do "francalete" e/ ou âncora, a qual é presa em um dos últimos degraus e em um ponto de apoio.

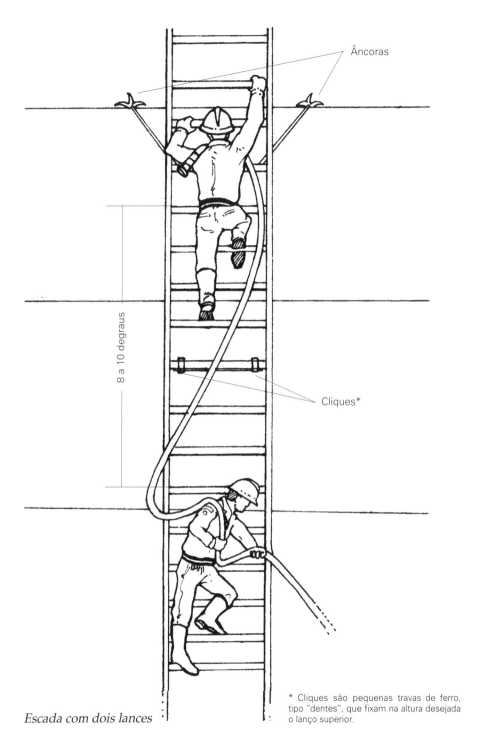

Escada com dois lances

* Cliques são pequenas travas de ferro, tipo "dentes", que fixam na altura desejada o lanço superior.

PRESCRIÇÕES GERAIS PARA O USO DA ESCADA

Não se deve introduzir uma linha de mangueiras por entre os degraus, quando se tiver de passar da escada para o telhado ou para o interior de um prédio.

Se o trabalho com a linha for feito da própria escada, então o esguicho pode ser introduzido entre os degraus à altura do peito do bombeiro, e a mangueira deve ser presa à escada (degrau) logo após o esguicho, com uma corda ou cinto (francalete).

O homem que trabalha com o esguicho deve travar uma perna na escada, passando-a pelo degrau imediatamente superior ao do outro pé, e deve prender este no banzo lateral ou no degrau inferior. Isso lhe permitirá dispor das mãos mais livremente para o trabalho.

As escadas, ao serem estendidas, não devem ser apoiadas no centro das janelas, mas em um dos lados delas; devem ultrapassar um pouco o ponto a ser atingido para maior firmeza.

Material de arrombamento, corte e remoção

É muito comum, em operações de bombeiros, haver barreiras que impedem a aproximação do local do sinistro, o que obriga os bombeiros a lançar mão de materiais para forçar entradas, bem como para extinguir completamente o incêndio. Há operações de rescaldo, nas quais são empregados materiais para remoção e corte.

Esses equipamentos, embora não tomem parte efetiva na extinção do fogo, auxiliam a entrar no local, a remover obstáculos e até mesmo a completar o trabalho na fase do rescaldo.

Podemos empregar alguns materiais de corte para arrombamento e vice-versa, de forma que depende do modo como se usa o material para que se possa realmente classificá-lo. Mas isso pouco importa, uma vez que nesse grupo estão incluídos todos os equipamentos empregados no corte, no arrombamento e na remoção.

- **machado**: tem a forma característica dos machados comuns, e serve para aplicar golpes com a finalidade de desprender fechaduras e dobradiças. Serve tanto para corte como para arrombamento;

- **machado martelo**: é parecido com o tipo anterior. A diferença está na cabeça achatada, que permite sofrer pancadas com outro instrumento, para penetração mais profunda. Empregado com sucesso em cortes e arrombamentos;

- **machado de orelha**: semelhante ao tipo anterior, possuindo dois ressaltos laterais, que facilitam seu emprego na abertura de portas metálicas, evitando a total penetração delas. Pode ser empregado em cortes e arrombamentos;

- **machado picareta**: é o machado que possui uma ponta perfurante, que pode ser usada como picareta;

- **alavanca comum**: é encontrada em diversas formas e tamanhos, empregada geralmente em forçamentos de portas e janelas, possibilitando o arrombamento com menores danos;

- **alavanca de cunha**: possui uma extremidade pontiaguda e outra em forma de lâmina. Também empregada em forçamentos e arrombamentos;

- **alavanca pé de cabra**: tem o formato da alavanca comum, sendo que uma das extremidades possui um dispositivo que permite o levantamento de objetos pesados, a abertura de portas, janelas, etc.;

- **alavanca pé de cabra com gancho**: é considerada uma das ferramentas mais úteis. Uma das extremidades termina em forqueta, e serve para levantar porta de aço ondulada, abrir portinholas de ferro, soltar dobradiças ou fechaduras; é igualmente empregada na abertura de janelas e no levantamento de tábuas de assoalhos. Para forçamento de portas, a garra do pé de cabra é de grande eficiência, bastando introduzi-la entre a porta e o batente, forçando-a. O gancho é empregado como arrebentador de fechaduras;

- **malho:** é uma espécie de martelo de ferro de tamanho grande, geralmente empregado em trabalhos pesados e forçamento. Serve para quebrar concreto, alvenaria, trancas e janelas, bem como para facilitar a penetração de materiais pontiagudos em superfícies duras;

- **corta a frio:** é um instrumento adequado para cortes de grades metálicas, cadeados, arames e fios metálicos. Trata-se de aparelho que funciona como alavanca interfixa, ou seja, o ponto de apoio se encontra entre a força de ação e a força de resistência;

- **machadinha:** bastante usada nos serviços de bombeiros. Existem machadinhas de vários tipos, todas com o mesmo objetivo, para cortes e arrombamentos. Ex.: machadinha simples, machadinha picareta, machadinha de bombeiro, etc.;

- **croque:** haste com ponta de ferro em forma de lança-fisga, com aproximadamente 3 m de comprimento. Ferramenta bastante útil para serviço de remoção em altura, deslocamento em telhas, etc.;

- **gadanho:** ferramenta de sapa, construída de ferro, com cabo de madeira, com 3 ou 4 dentes. Empregada em remoção e rescaldos, pode ser encontrada a 90º ou no prolongamento de cabo;

- **enxada:** ferramenta de sapa comum, com cabo, para remoção em geral;

- **enxadão:** semelhante à enxada, com a parte metálica mais estreita e alongada, para remoções e escavações;

- **pá:** ferramenta de sapa, construída de ferro, de forma achatada, com rebordos laterais formando concha, utilizada para desentulhos e escavações;

- **picareta:** é um instrumento de aço, com duas pontas, sendo uma em forma de escavadeira e outra pontiaguda. É empregada nos serviços de escavações, demolições e desentulhos, bem como na abertura em muros e paredes;

- **foice:** é uma lâmina de aço em curva ou em ângulo, apresentando um dos gumes cortante, com cabo de madeira alongado, que serve para roçado e aceiro;

- **facão**: é uma lâmina de aço apresentando um dos gumes cortante, com um comprimento variado de 30 cm a 80 cm, e empunhadura de madeira. Serve para abrir picadas e cortes em geral;
- **serrote**: é um instrumento cortante, utilizado para serrar madeiras em geral. Consiste em uma lâmina de aço, de aproximadamente 50 cm de comprimento, com um dos gumes serrilhado.

Alguns itens que compõem o sistema de proteção contra incêndios

ILUMINAÇÃO DE EMERGÊNCIA

Sistema de luzes com acionamento automático por baterias ou gerador, que proporciona clareamento nas escadas, no *hall* e nos corredores, com o objetivo de delimitar rotas de fuga e iluminar os locais para que todos possam descer e/ou sair com calma e sem riscos, mesmo que a energia elétrica seja totalmente desligada.

ALARME DE INCÊNDIO

Conjunto composto de avisadores manuais tipo quebra-vidro e campainhas de alta potência, instalados em pontos estratégicos. Uma vez acionados, disparam um sinal luminoso e sonoro no painel central, com o objetivo de comunicar um sinistro e reunir, o mais rapidamente possível, a brigada de incêndio. Também pode ser utilizado como sinal para o abandono do local.

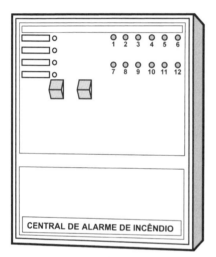 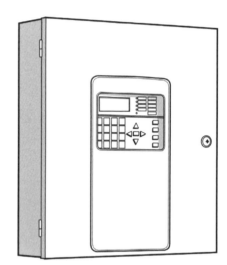

Modelos básicos de central de alarme de incêndio

Botoeira de alarme de incêndio

PORTA CORTA-FOGO

Porta construída de forma especial, que visa o isolamento e a proteção de locais e escadas, garantindo tempo suficiente para que todos os ocupantes da edificação possam sair e o sinistro não se propague e seja controlado.

ESCADA DE EMERGÊNCIA

Escada especialmente projetada e construída com o objetivo de retardar a absorção de caloria e proteger da fumaça produzida durante um incêndio. É dotada de portas corta-fogo, por onde os ocupantes da edificação devem abandonar o local.

DETECTOR AUTOMÁTICO DE INCÊNDIO

Dispositivo que, quando sensibilizado por fenômenos físicos e/ou químicos, detecta princípios de incêndio, podendo ser ativado, basicamente, por calor, chama ou fumaça.

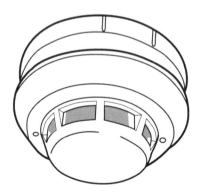

SAÍDAS DE EMERGÊNCIA

As saídas de emergência podem ser definidas como caminhos contínuos, sinalizados e protegidos, que são utilizados em caso de incêndios ou emergências para a retirada de todos os ocupantes de uma edificação, de forma segura e rápida, até atingir a via pública ou um local seguro (área de refúgio).

Para preservar a vida humana, em caso de incêndios, as edificações devem possuir rotas de fuga que permitam aos seus ocupantes deslocarem-se para um local seguro. Durante todo esse trajeto, as pessoas devem, em qualquer ponto da edificação, ficar protegidas da ação do fogo e da fumaça.

O dimensionamento das rotas de fuga e as saídas de emergência de uma edificação devem, entre outras condições, ser projetados de acordo com o tipo de ocupação, número de pessoas e altura do imóvel.

Em projeto técnico a ser aprovado nos órgãos públicos, deve ser determinado o número de saídas, a distância máxima a ser percorrida, a largura das escadas e rotas de fuga, a localização das saídas e das escadas de segurança.

As saídas de emergência devem ser dotadas de barras antipânico e devem sempre estar desobstruídas. Nunca devem permanecer trancadas com fechaduras, correntes ou cadeados.

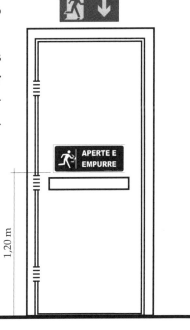

Todas as rotas de fuga e saídas de emergências devem ser sinalizadas de forma visível e, em caso de queda de energia, devem possuir sistemas que possibilitem a sua perfeita visualização.

Devem ser observadas as normas e legislações que tratam do assunto, em especial a NBR 9077 – Saídas de Emergência em Edifícios – da ABNT (Associação Brasileira de Normas Técnicas).

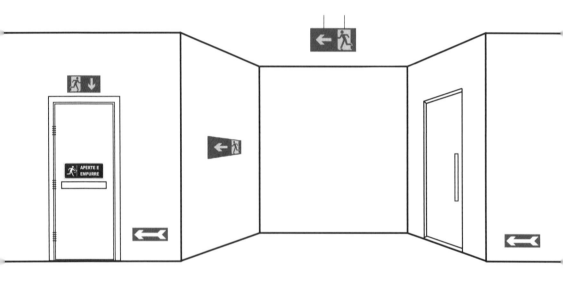

Equipamento de proteção individual e respiratória do bombeiro/brigadista

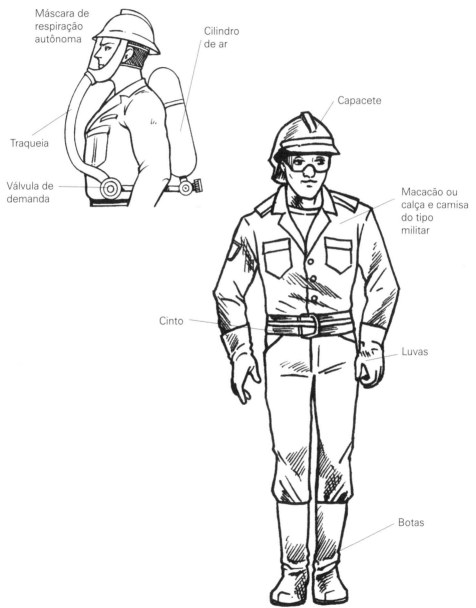

Equipamento de proteção individual – EPI

5 Acidentes no lar

Os acidentes domésticos ocorrem, invariavelmente, por falta de prevenção. Muitos acidentes que acontecem dentro das residências são cometidos por atos falhos e, às vezes, também por não conhecermos, mesmo de maneira superficial, as regras básicas de segurança que devem ser obedecidas no ambiente.

As normas de segurança variam de acordo com o ambiente e também com os materiais e equipamentos que nele estão contidos. Devemos ter o hábito de ler com atenção as informações técnicas e de segurança de cada produto e seguir tudo o que é previsto, orientado e determinado pelos fabricantes.

A seguir trataremos de alguns itens de segurança para a proteção contra incêndios em residências e condomínios.

A eletricidade

Em nossas residências, sempre estamos, de uma maneira ou de outra, em contato com equipamentos elétricos. As ocorrências envolvendo curto-circuito são extremamente comuns e podem ser evitadas se seguirmos algumas orientações simples ao utilizarmos a energia elétrica.

Toda a instalação elétrica deve ser realizada por pessoa especializada e formada na área (engenheiro elétrico ou eletricista), por projeto específico para cada local, ou seja, para cada um dos cômodos de uma residência deve existir previamente um estudo do que será utilizado e qual a quantidade de equipamentos elétricos que serão ligados.

Orientações:

- Deve-se instalar toda a rede elétrica de acordo com o projeto previamente elaborado e aprovado para o local.
- Em todas as alterações ou acréscimo de equipamentos, deve-se verificar se a fiação e a demanda de energia são compatíveis com a rede instalada.
- Deve-se evitar que vários equipamentos sejam ligados em uma mesma tomada utilizando-se benjamins; grande parte dos incêndios ocorrem por causa da sobrecarga por má utilização da rede elétrica.

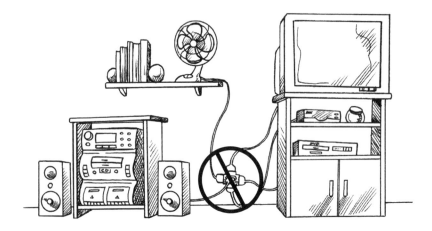

- Toda a fiação deve ficar protegida e não aparente para que os moradores ou usuários do local não sejam expostos à eletricidade.
- Quando for fazer uma instalação elétrica, utilize sempre fios que resistam ao fogo, conhecidos como antichamas.
- Utilize protetores específicos nas tomadas para evitar acidentes com as crianças.
- Não utilize materiais inadequados quando for mexer em equipamentos elétricos.

- Organize os fios atrás dos móveis para que não sofram atritos desnecessários, causando curto-circuito.

- Verifique a voltagem dos equipamentos elétricos (110 volts ou 220 volts); um engano poderá causar um curto-circuito ou queimar o aparelho.

- Vários equipamentos elétricos possuem o fio terra; procure sempre utilizar este fio instalando-o adequadamente, principalmente em aparelhos de 220 volts.

- As caixas de entrada de energia devem ser instaladas adequadamente, obedecendo às normas da companhia fornecedora de eletricidade da cidade.

- Os disjuntores, que servem como proteção, devem ser instalados nas residências, pois quando há sobrecarga de energia ou curto-circuito são desarmados automaticamente, evitando a ocorrência de danos aos equipamentos.

- Caso ocorra um princípio de incêndio na rede elétrica, devemos, de imediato, desligar os disjuntores internos ou na entrada de energia da residência. Observe como proceder e qual equipamento de combate a incêndio utilizar no capítulo "Extintores de incêndio".

O gás liquefeito de petróleo (GLP)

O GLP é um combustível composto de carbono e hidrogênio, é incolor e inodoro. Para que possamos reconhecê-lo quando ocorrem vazamentos, é adicionado um produto químico que tem um odor penetrante e característico (mecaptana).

É muito volátil e se inflama com muita facilidade, tendo uma taxa de explosividade aproximada que varia entre 2% e 10%.

O GLP é constituído de uma mistura de hidrocarbonetos gasosos (butano e propano), os quais se liquefazem à baixa pressão e são encontrados em botijões cuja capacidade varia de 1 kg até grandes instalações de reservatórios fixos ou autotransportados. Tem uma densidade aproximada de uma vez e meia mais pesado que o ar.

Essa propriedade faz com que o gás permaneça nos lugares baixos em caso de vazamento, e em local de difícil ventilação o gás fica acumulado, misturando-se com o ar ambiente, formando uma mistura explosiva ou inflamável, dependendo da proporção.

O maior número de ocorrências de vazamentos acontece nos botijões de 13 kg, que são encontrados mais facilmente nas residências.

O vazamento normalmente se dá na válvula de vedação próxima à mangueira. Essa mangueira deve ser transparente e ter uma faixa interna amarela, com as inscrições NBR (Norma Brasileira) e também a data de validade.

Obs.:

- A mangueira deverá ser substituída no prazo de validade ou quando estiver totalmente transparente e sem a faixa amarela.

- A válvula reguladora de pressão também possui prazo de validade e a inscrição NBR no seu corpo; ela deverá ser sempre substituída quando esse prazo estiver vencido.

Todo botijão, exceto o de 2 kg, é dotado de uma válvula de segurança ou de botijão fusível. Havendo uma temperatura ambiente excessivamente elevada, a válvula de segurança dará vazão ao gás dentro do vasilhame, aliviando o excesso de pressão. Dessa forma, a possibilidade de rompimento do vasilhame será anulada.

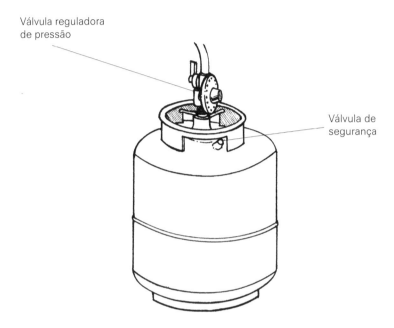

O GLP oferece uma margem de segurança e o consumidor deve guiar-se pelas seguintes recomendações:

- somente instalar em casa ou indústrias equipamento aprovado e executado por uma empresa especializada no ramo, que deverá orientar como será feita a manutenção;
- não usar martelo ou objeto semelhante para apertar a válvula de abertura dos botijões;
- quando for utilizar o fogão, riscar primeiramente o fósforo e só depois abrir o gás;
- ao constatar qualquer vazamento, fazer o teste para verificar o local exato com espuma de sabão, nunca com fogo (chama).

OS COMPONENTES DO SISTEMA RESIDENCIAL

Na figura a seguir, temos os componentes de um sistema de GLP mais comumente utilizado em uma residência:

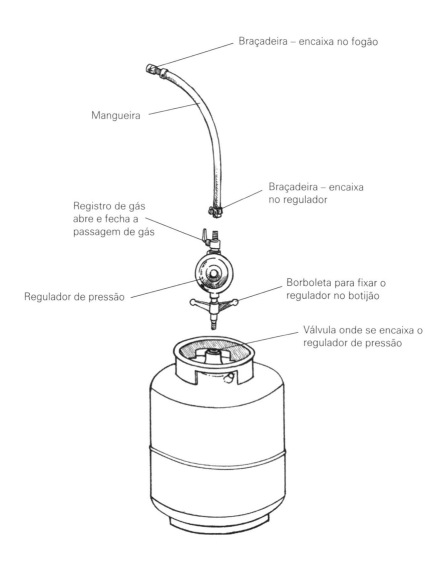

COMO PROCEDER CORRETAMENTE AO TROCAR O BOTIJÃO DE GÁS

A cada troca do botijão de gás vazio por outro cheio, devemos tomar alguns cuidados:

- sempre que possível essa operação deverá ser feita em um local bem ventilado;
- nunca se deve trocar o botijão com alguma boca do fogão aberta; feche todas e certifique-se que não existe nenhum tipo de chama nas proximidades;

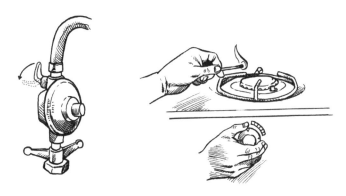

- para desrosquear a válvula reguladora de pressão, basta utilizar as mãos; evite utilizar qualquer outro material para fazer essa operação;

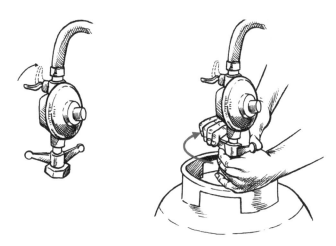

- o botijão mesmo vazio possui uma pequena quantidade de gás que poderá ocasionar um pequeno vazamento, por isso retire a válvula com cuidado;
- o botijão cheio deverá ser colocado em lugar apropriado; cuidado com a distância para que a válvula não fique inclinada no momento de apertar;
- rosqueie com cuidado para que a válvula não entre forçada ou torta. A válvula possui uma rosca-padrão que é normatizada e que pode ser utilizada em qualquer botijão; caso ela não esteja acoplando de forma correta, o defeito poderá ser da válvula ou do próprio botijão. Se for verificado que o defeito é do botijão, ele deverá ser substituído;
- nunca se deve utilizar nenhum tipo de material para evitar ou sanar um vazamento, como sabão em pedra, sabonete ou qualquer tipo de vedante, pois poderá ocorrer um vazamento posterior quando eles ressecarem;
- para saber se não existe vazamento após a válvula ter sido acoplada, devemos utilizar uma esponja com sabão líquido e água e fazer espuma em volta do local do acoplamento; se saírem bolhas é porque existe vazamento, nesse caso as providências de prevenção deverão ser tomadas;

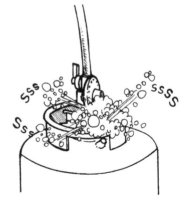

- o botijão de gás deverá sempre que possível ser instalado do lado de fora da residência em local ventilado e afastado de fontes de calor. O GLP é mais pesado que o ar atmosférico, portanto durante um vazamento ele ficará dentro do local e com um pequeno vazamento poderá vir a explodir caso entre em contato com qualquer tipo de faísca;

- caso não seja possível colocar o botijão de gás do lado de fora da residência e em local ventilado, deve-se dar preferência para a utilização do gás natural que é mais leve que o ar, e em caso de vazamento terá mais facilidade de se espalhar no ambiente e sair pelos locais de ventilação;

- o fogão de cozinha deve estar sempre em perfeitas condições de uso e não deve apresentar vazamentos em suas bocas/bicos; caso isso ocorra, deve-se fechar o registro da válvula reguladora de pressão que fica no botijão de gás até que seja sanado o problema;

- recomenda-se fechar o fornecimento de gás no registro do botijão quando for viajar ou ficar afastado da residência por um longo período de tempo.

Como se comportar quando ocorrer um vazamento

Em caso de vazamento de gás sem fogo, nossos cuidados serão maiores em virtude de estarmos correndo o risco de ficarmos num ambiente propício a explosão, pois os gases que se acumulam são inflamáveis.

Nesse caso, devemos evacuar imediatamente o local e tomar, se possível, as seguintes precauções:

- desligar a chave geral da residência, desde que não esteja no ambiente gasado;

- ventilar o máximo possível a área;

- levar o botijão de gás para um lugar mais ventilado possível;

- durante a noite, ao constatarmos vazamento (odor) de gás, não devemos nunca acender a luz. Devemos fechar a válvula do botijão no escuro e em seguida ventilar o ambiente.

Deve-se acionar o corpo de bombeiros pelo telefone 193.

Como se comportar com GLP com fogo

Em caso de botijão de GLP que já esteja incendiado, devemos observar as seguintes recomendações:

- não extinguir de imediato as chamas, a não ser que haja grandes possibilidades de propagação;

- apagar as chamas de outros objetos, se houver, deixando que o fogo continue no botijão, em segurança;

- em último caso, procurar extinguir a chama do botijão pelo método de abafamento, com um pano bem úmido. Para chegar perto do botijão, deve-se procurar ir o mais agachado possível para não correr o risco de se queimar, e levar o botijão para um local bem ventilado.

Os remédios

Por causa dos avanços da ciência, atualmente temos remédios para quase todos os tipos de enfermidade e com um incalculável número de componentes químicos com fórmulas poderosas, que, quando mal administradas, podem causar até a morte; por isso devemos ter atenção especial na hora de guardá-los.

Os remédios devem ser guardados fora do alcance das crianças, em local alto e de preferência trancados e a chave colocada em local seguro. É muito comum guardar os remédios em locais fáceis para que possamos nos lembrar de tomá-los, como em cima da pia da cozinha, no banheiro, na gaveta do criado-mudo; devemos tomar cuidado para evitar acidentes, pois esses locais são de fácil acesso para as crianças. Já existem porta remédios pequenos onde as doses diárias podem ser colocadas, o que facilita o controle e a segurança.

Os objetos pontiagudos e cortantes

Muitas vezes em nossa casa, possuímos grande número de objetos pontiagudos e cortantes, como facas, canivetes, chaves de fenda, estiletes, etc. Tais objetos, às vezes, são colocados em locais de fácil acesso, e as crianças, por sua ingenuidade, acabam pegando-os e se machucando. Podemos citar como exemplo as facas maiores e mais afiadas, que não usamos com frequência, que normalmente são colocadas na segunda gaveta do móvel da cozinha, já que as de uso rotineiro ficam na primeira por ser de mais fácil acesso.

Os cuidados que devemos ter com esses objetos são os mesmos dos remédios, ou seja, guardar em local seguro.

Os produtos de limpeza e os produtos químicos

Atualmente são lançados no mercado produtos diferentes e cada vez mais com maior poder de limpeza e com fórmulas mais potentes para facilitar as nossas vidas.

Aqui novamente o cuidado com a estocagem desses produtos deve ser salientado, tanto com os cuidados do local onde devemos colocá-los como também com as condições de estocagem desses materiais. Como exemplo podemos citar a água sanitária, o álcool, o alvejante, os produtos que têm pressão, como os inseticidas, entre outros que possuem regras definidas para sua estocagem. Deve-se observar as recomendações dos fabricantes. Por falar em recomendações, devemos nos habituar a ler todas as orientações e recomendações que normalmente vêm impressas nas embalagens desses produtos.

As quedas

Cuidados especiais devem ser tomados quando locais molhados e com sabão são utilizados, pois um grande número de acidentes ocorre quando serviços são executados nessas condições, em especial as quedas da própria altura, advindas, na maioria das vezes, dos escorregões. A utilização dos equipamentos adequados e a devida atenção durante a execução dos serviços são sem dúvida os melhores meios de prevenir tais ocorrências.

Os vidros e os pratos

Devemos tomar cuidado ao manusear vidros e pratos de louça, pois eles podem quebrar e provocar cortes profundos com graves hemorragias. Esses materiais devem ser guardados em locais de fácil acesso para utilização, evitando as armadilhas para que não caiam, ou seja, a má acomodação.

Os maiores causadores de incêndio no lar

Todas as vezes em que falamos de incêndios em residências, podemos citar algumas situações que acontecem no dia a dia e que auxiliam na ocorrência de sinistros. A falta de organização e limpeza auxilia muito a ocorrência de incêndios em uma residência. Podemos observar que, na maioria das vezes, o incêndio acontece onde há muita sujeira e desorganização. Os locais sujos e mal organizados acumulam diversos tipos de materiais combustíveis que serão propagadores de sinistros.

As ligações elétricas feitas de forma inadequada, as populares "gambiarras", ocupam um dos primeiros lugares como fonte causadora de incêndios, pois produzem calor por superaquecimento e também faísca, podendo assim iniciar um incêndio.

Na cozinha, o fogão e o gás devem ser utilizados sempre dentro das normas de segurança, pois o gás poderá explodir quando, durante um vazamento, entrar em contato com qualquer tipo de faísca.

Os produtos de limpeza, em especial, são outra preocupação quando se trata de princípio de incêndio, pois geralmente são altamente inflamáveis e propagam-se rapidamente, podendo causar pequenas explosões.

Algumas informações úteis:

- *Vasos sanitários:* se existirem crianças pequenas em casa, feche e trave as tampas dos vasos sanitários, pois elas podem, num descuido, se afogar ao caírem de cabeça dentro do vaso, e para isso bastam apenas alguns centímetros de água.

- *Sacos plásticos:* não permita que as crianças brinquem com sacos plásticos de qualquer tipo ou tamanho, pois elas podem colocá-los na cabeça e se asfixiarem.

- *Fogões e panelas:* quando for cozinhar, dê preferência pelas bocas do fogão que ficam na parte de trás e mantenha os cabos das panelas voltados para dentro, pois as crianças podem puxá-los e derrubar os líquidos quentes sobre elas.

- *Janelas e varandas:* sempre que possível, instale redes de proteção de empresas especializadas e faça inspeções periódicas para verificar sua perfeita instalação e resistência.

- *Cortinas e persianas:* não utilize nenhum material que possa produzir calor ou faíscas perto das cortinas; verifique se os equipamentos elétricos ligados às tomadas não estão em contato com elas, pois eles podem superaquecer ou sofrer um curto-circuito e iniciarem um princípio de incêndio.

- *Materiais sobre a mesa e as toalhas:* cuidado ao utilizar toalhas compridas nas mesas, deixando sobre elas alimentos ou líquidos quentes e objetos pontiagudos, como facas, vidros e pratos; as crianças poderão puxá-las causando queimaduras ou outros ferimentos.

- *Piscinas:* as piscinas devem estar sempre protegidas em suas laterais com portões e travas com cercas de isolamento. Recomenda-se observar as leis e normas a respeito desse assunto. Nunca deixe uma criança sozinha perto de uma piscina, mesmo que esta seja do tipo infantil de plástico. Sempre esvazie esse tipo de piscina e guarde-a de cabeça para baixo para evitar que se encha de água.

- *Estoque de materiais:* não permita que os estoques de materiais de qualquer natureza fiquem perto das lâmpadas ou fiação da rede elétrica. As lâmpadas, por seu princípio de funcionamento, geram calor que poderá superaquecer os materiais estocados e causar um princípio de incêndio.

- *Escadas móveis:* ao subir em escadas móveis, em qualquer situação, solicite sempre que alguma pessoa segure-a para maior segurança, evitando quedas.

- *Pisos molhados ou escorregadios:* quando um local de sua residência estiver sendo lavado ou encerado, evite o trânsito de pessoas ou sinalize o local; use sempre calçados adequados para lavar os pisos e evitar possíveis quedas.

- *Corrimãos:* ao subir ou descer qualquer tipo de escada fixa, sempre utilize o corrimão, pois ele dá maior segurança e equilíbrio e evita quedas.

- *Reparos na rede elétrica residencial:* quando for realizar qualquer reparo na rede elétrica de sua residência, desligue primeiramente a energia no quadro de força para evitar um possível choque. Todo reparo deverá ser realizado por profissional especializado na área.

- *Chuveiro elétrico:* na instalação, sempre ligue o fio terra e, quando for ajustar a temperatura, faça com o chuveiro desligado e nunca com o corpo molhado.

- *Descarte de remédios:* quando for descartar os remédios vencidos ou usados, não os jogue em qualquer lugar, localize na sua cidade um ponto de coleta que realize o descarte ambientalmente correto dos medicamentos.

- *Idosos em casa:* instale barras fixas no banheiro, próximo ao sanitário e no chuveiro, pois isso ajudará os idosos a utilizá-los de forma segura evitando quedas. Utilize tapetes ou materiais antiderrapantes no boxe do banheiro.

- *Tapetes:* utilize tapetes antiderrapantes em locais escorregadios para evitar quedas.

- *Escadas:* certifique-se de que as escadas possuem frisos antiderrapantes nos degraus; caso não tenha, instale fitas adesivas especiais antiderrapantes.

- *Ferros de passar roupas:* cuidado ao utilizar os ferros de passar roupas; não os deixe aquecidos próximo às roupas e não os esqueça ligados após a utilização.

- *Principais fontes de calor:* em uma residência, as principais fontes de calor são, entre outras: fogão, forno, aparelhos elétricos ou eletrônicos, motores elétricos, aquecedores de ambiente, aquecedores de água e lâmpadas. Observe sempre se esses equipamentos não estão em contato com materiais combustíveis, produzindo o seu aquecimento, pois isso poderá causar um incêndio.

6 Condomínios e residências

O sistema de segurança contra incêndios

Todos os prédios residenciais e comerciais devem possuir um sistema eficaz de segurança contra incêndios, que ofereça aos seus moradores, funcionários e clientes, dentro dessa área, toda tranquilidade necessária para que a sua permanência no empreendimento seja a melhor possível.

Os prédios devem contar com uma estrutura básica referente à manutenção e fiscalização na área de segurança de incêndio e com um grupo de brigadistas, o qual deve possuir treinamento e conhecimento técnico para exercer as suas atividades; isso, além de ser uma exigência legal, é um diferencial de qualidade.

O aperfeiçoamento e o treinamento técnico especializado frequente tornam-se, inquestionavelmente, necessários nessa área, visando assim à montagem e manutenção de um sistema adequado.

Nos dias de hoje, com o grande avanço das tecnologias e também dos métodos, recursos e processos de fiscalização, não podemos, nem devemos, correr riscos.

A regularização de um imóvel

Para regularizarmos um imóvel, é necessário elaborar uma análise crítica das instalações, dos equipamentos, do pessoal, da estrutura organizacional e instrução, visando à formulação de um sistema adequado para o local, focado na segurança contra incêndios. Algumas etapas devem ser desenvolvidas para que um imóvel seja regularizado:

Vistoria técnica prévia: atividade especializada desenvolvida por uma inspeção técnica em todo o condomínio para verificar se ele está de acordo com o projeto aprovado pelo corpo de bombeiros (caso exista) e orientar a respeito das correções necessárias antes do pedido de vistoria. Incluem-se aqui também os serviços de consultoria técnica para a implantação do sistema, visando elaborar a estrutura organizacional, dirimir as dúvidas e evitar que procedimentos técnicos e legais não sejam observados e obedecidos.

Será desenvolvida por meio de visitas de profissionais habilitados e com a emissão de relatório técnico, bem como reuniões com todos os envolvidos quando se fizer necessário.

Elaboração de projeto técnico: é considerada a primeira fase da regularização de um imóvel e compreende os estudos técnicos de análise do local e as exigências necessárias para que o mesmo possa ter a segurança adequada na área de prevenção e combate a incêndios. O projeto é elaborado, quando for necessário, e entregue na Divisão de Atividades Técnicas do Corpo de Bombeiros para análise e aprovação. As pequenas alterações ocorridas (diferenças existentes entre o projeto e a execução da obra) deverão ser esclarecidas por meio de atendimento técnico específico, evitando-se assim a substituição do projeto já aprovado.

Treinamento da brigada de incêndio e brigada de abandono e palestras sobre prevenção e combate a incêndios: visa transmitir aos brigadistas subsídios técnicos (teóricos e práticos) necessários para que desenvolvam suas atividades, bem como promover uma análise crítica dos funcionários que venham a compor esse corpo especializado, visando assim uma seleção de pessoal por meio de perfil adequado.

Basicamente caracteriza-se por uma transferência de tecnologia especializada na área de segurança contra incêndios, habilitando os funcionários da empresa ou do condomínio a utilizar os equipamentos de prevenção e combate a incêndios existentes na edificação, bem como saber como agir em casos de sinistros.

Será elaborado o plano de intervenção em casos de incêndio e poderão também, a critério da empresa ou do condomínio, serem ministradas palestras aos demais funcionários sobre segurança de incêndios.

Execução de obras de adequação: visa adequar às instalações, ou instalar, os equipamentos de prevenção e combate a incêndios necessários ao local de acordo com o projeto aprovado. Nessa etapa, as empresas especializadas serão indicadas para serem cotadas, e seus serviços serão fiscalizados para que sejam executados dentro do previsto em projeto.

Pedido de vistoria: caracteriza-se pela entrada da documentação necessária na Divisão ou na Seção de Atividades Técnicas do Corpo de Bombeiros para solicitar a vistoria por parte daquele órgão. Os atestados de elétrica para raios, gás, grupo gerador e dos sistemas de prevenção e combate a incêndios instalados e demais necessários serão exigidos também.

Obtenção do auto de vistoria do corpo de bombeiros (AVCB): após a vistoria, será emitido o auto de vistoria pelo corpo de bombeiros, caso não seja encontrada nenhuma irregularidade, cabendo aqui o acompanhamento técnico a respeito. O AVCB terá validade de acordo com o local.

Manutenção e fiscalização: a critério da empresa ou do condomínio, poderão ser desenvolvidas as atividades de manutenção e fiscalização por meio de contrato mensal de prestação de serviços.

São três as etapas necessárias para mantermos uma segurança de níveis e padrões adequados, na área de prevenção e combate a incêndios:

1. equipamentos racionalmente instalados e distribuídos;
2. manutenção preventiva e corretiva eficiente e constante;
3. pessoal devidamente instruído e estrategicamente empregado.

Essa etapa procura manter o sistema operando, desenvolvendo um conjunto eficiente de instrução de pessoal, promovendo a manutenção de toda a estrutura de equipamentos existentes e desenvolvendo principalmente a fiscalização e a coordenação adequadas de todos os meios.

Incluem-se nessa etapa:

- treinamento da brigada;
- palestras sobre segurança de incêndios;
- emissão de relatórios referentes a essa área técnica;
- elaboração de plano de abandono e de intervenção em incêndios;
- vistorias técnicas e outras atividades correlatas.

DOCUMENTAÇÃO

É importante salientar que um imóvel para manter uma segurança adequada aos seus ocupantes deve possuir, além de todos os seus equipamentos em perfeito estado, toda a documentação em ordem.

Entre as várias documentações exigidas por lei, devemos renovar o AVCB.

Anualmente devemos:

- treinar a brigada de incêndios, que é exigido pela legislação federal, estadual e municipal e também pelas seguradoras;
- recarregar todos os extintores de incêndio conforme normas do Inmetro e da ABNT;
- regularizar os para-raios (sistema de proteção contra descargas atmosféricas – SPDA) por meio de uma empresa especializada que deverá emitir um laudo e assinar um auto de responsabilidade técnica (ART);
- testar todas as mangueiras de incêndio conforme normas do fabricante;
- fazer a manutenção nos alarmes de incêndio;
- revisar todas as instalações elétricas;
- fazer a manutenção dos grupos geradores;

- fazer a manutenção das portas corta-fogo;
- revisar todas as instalações de gás;
- revisar todo o sistema de sinalização, tais como as de saídas de emergência, de extintores de incêndio, de hidrantes, etc.;
- outros procedimentos de acordo com o imóvel e conforme exigências das legislações e normas em vigor.

7 Brigadas de combate a incêndio

Introdução

A humanidade sempre enfrentou muitos problemas, e um dos mais antigos era combater os grandes incêndios, que, quando ocorriam, se tornavam devastadores, pois não podiam ser controlados, destruindo tudo o que encontravam pela frente. Com o avanço das civilizações, o homem começou a se organizar para prevenir e combater os incêndios, surgindo, assim, de forma organizada, as primeiras equipes de combate ao fogo, que mais tarde foram denominadas "brigadas de combate a incêndios".

Uma das primeiras organizações de combate ao fogo de que se tem notícia foi criada na Roma antiga em 27 a.C. Um grupo conhecido como *vigiles* patrulhava as ruas para impedir incêndios e policiar a cidade. Nessa época, o fogo era um grande problema para os *vigiles*, que não possuíam métodos eficientes para sua extinção.

Surgiu nessa época um dos primeiros códigos de combate a incêndios que exigia que toda casa tivesse uma cisterna (tipo de reservatório para coletar água da chuva), visando o combate a princípios de incêndios.

Em 1666, na Inglaterra, existiam as brigadas de seguros contra incêndios, que eram formadas por companhias de seguros, criadas após um grande incêndio que ocorreu em Londres, que deixou milhares de pessoas desabrigadas. Essas brigadas foram criadas para proteger a propriedade de seus clientes.

No Brasil não foi diferente. As primeiras organizações de combate a incêndios só começaram a surgir após os grandes incêndios, como o

que destruiu, em 1732, parte do Mosteiro de São Bento, próximo à atual Praça Mauá, no Rio de Janeiro. Naquela época também eram muito escassos os meios para combater grandes incêndios.[1]

Para que em uma edificação haja segurança contra incêndios que seja eficiente, devemos observar três aspectos básicos:

1. **Equipamentos instalados**: de acordo com o risco da edificação, sua utilização, área e número de ocupantes, serão projetados os equipamentos de prevenção e combate a incêndios necessários para protegê-la.

2. **Manutenção adequada**: de nada adianta haver sistemas adequados e devidamente projetados para uma edificação, se eles não estiverem em perfeito funcionamento e prontos para o uso imediato.

---

[1] Corpo de Bombeiros da Brigada Militar do Rio Grande do Sul. Disponível em: http://www.brigadamilitar.rs.gov.br/bombeiros. Acesso em: maio 2007.

3. **Pessoal treinado**: os equipamentos instalados e com uma correta manutenção de nada adiantarão se não houver pessoal treinado para operacionalizá-los de forma rápida e eficiente.

Assim, percebemos quão eficiente é a existência, a formação e o treinamento das brigadas de combate a incêndios. É impossível aos corpos de bombeiros profissionais estarem presentes em todos os locais, como empresas, comércios e indústrias, por isso todas as legislações atuais determinam a existência de grupos treinados para o combate a incêndios, abandono de local e situações de emergência.

Tipos de brigadas

Podemos dividir de várias maneiras as brigadas de combate a incêndios, porém, de forma mais simplificada, podemos classificá-las em:

- **Brigadas de incêndios**: aquelas destinadas ao combate de princípio de incêndio nas edificações; são compostas de funcionários treinados de diversos setores (ou de vários andares) da empresa para a extinção dos focos de incêndio.

- **Brigadas de abandono**: aquelas destinadas a retirar a população das edificações; são compostas de funcionários com treinamento específico para o abandono do local. Não fazem parte da brigada de incêndios, pois, em uma situação de emergência, devem deixar o local junto com a população do prédio.

- **Brigadas de emergências**: aquelas que, além de combater princípios de incêndios, realizam a orientação para o abandono de local; são também responsáveis por sinistros em riscos de locais específicos, como inundações, vazamentos de produtos perigosos, vazamentos de fornos, etc.

As brigadas devem ser divididas de acordo com a sua ocupação em:

- brigadas industriais;
- brigadas comerciais;
- brigadas residenciais.

A brigada de combate a incêndio é uma organização interna, formada pelos empregados da empresa, preparada e treinada para atuar com rapidez e eficiência em casos de princípio de incêndio.

Ela é composta de um grupo de pessoas treinadas e habilitadas para operar os dispositivos de combate a incêndio, nos padrões técnicos básicos essenciais. Cada componente da brigada deve conhecer não só técnicas de salvamento em situações de incêndio como também deve ter treinamento específico para operações de salvamento.

Por ser uma organização cujo princípio primordial é zelar pelo bem-estar de empregadores e empregados, a brigada de combate a incêndio se estrutura autonomamente, mas, por natureza, deve subordinar-se à divisão de segurança da empresa ou ao setor correlato.

Formação das brigadas de combate a incêndio

Dependendo das dimensões da empresa, a brigada de combate a incêndio que irá servi-la apresentará uma estrutura com um determinado número de componentes. O pessoal da brigada deverá ser distribuído taticamente segundo princípios de coerência e operacionalidade. Sempre haverá, no entanto, um princípio básico que orienta sua organização.

A brigada deverá ser formada por tantas equipes quantas forem necessárias para proteger contra incêndios a vida humana, instalações prediais, máquinas, equipamentos e demais bens patrimoniais.

Para compor a brigada por combate a incêndio, consideraremos a princípio a seguinte estrutura básica:

- **brigadista**: membro da brigada de incêndio;
- **líder**: responsável pela coordenação e execução das ações de emergência em sua área de atuação (pavimento/compartimento/setor);
- **chefe da brigada**: responsável por uma edificação com mais de um pavimento, compartimento ou setor;
- **coordenador geral**: responsável por todas as edificações que compõem uma empresa;
- **chefe da assessoria**: responsável pelo treinamento, pela fiscalização e reciclagem da brigada; também deve prestar consultoria referente aos assuntos de prevenção e combate a incêndios ao responsável máximo pela brigada de incêndio.

Organograma da brigada de incêndio

O organograma da brigada de incêndio da empresa varia de acordo com:

- o número de edificações;
- o número de pavimentos de cada edificação;
- o número de empregados em cada pavimento, compartimento ou setor.

O responsável pela brigada de incêndio (coordenador geral, chefe da brigada ou líder) é a autoridade máxima na empresa no caso de uma ocorrência em situação real ou simulada de emergência, devendo ser, portanto, um gerente ou possuir cargo equivalente.

As empresas que possuem em sua planta somente uma edificação com apenas um pavimento, compartimento ou setor devem ter um líder que deve coordenar a brigada.

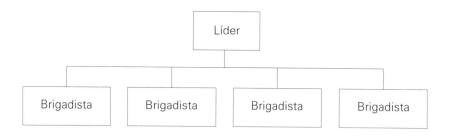

As empresas que possuem em sua planta somente uma edificação com mais de um pavimento, compartimento ou setor devem ter um líder a cada pavimento, compartimento ou setor, que é coordenado pelo chefe da brigada dessa edificação.

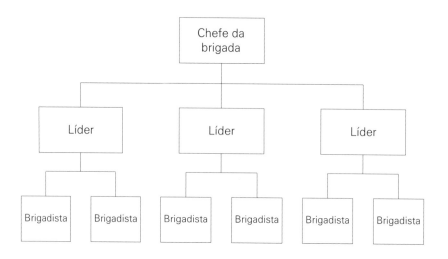

As empresas que possuem em sua planta mais de uma edificação com mais de um pavimento, compartimento ou setor devem ter um líder por pavimento, compartimento ou setor e um chefe da brigada para cada edificação, que devem ser coordenados pelo coordenador geral da brigada.

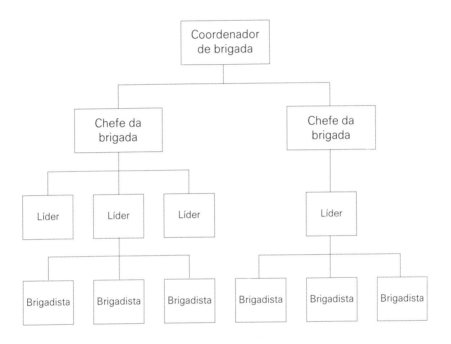

Funções básicas das brigadas

CUIDADOS AMBIENTAIS NO COMBATE A INCÊNDIOS E ATENDIMENTO DAS EMERGÊNCIAS

Os corpos de bombeiros e as brigadas de incêndios foram criados com a missão de preservar a vida e o meio ambiente e proteger o patrimônio da sociedade por meio da prestação dos serviços com excelência de qualidade.

A preservação do meio ambiente sempre foi uma preocupação dos corpos de bombeiros e mais atualmente das brigadas de combate a incêndios e de emergências.

As brigadas de incêndios ou de emergências devem ser estruturadas de acordo com os riscos e as necessidades de cada local – empresas privadas ou órgãos públicos –, conforme previsto nas normas e instruções técnicas que tratam do assunto.

As brigadas devem constituir-se de equipes com funções específicas, que possuam instruções teóricas e práticas e consigam operacionalizar os equipamentos de prevenção e combate a incêndios, visando realizar o socorro das possíveis vítimas, extinguir os princípios de incêndios, proceder ao abandono de local e atender às emergências ambientais.

A maioria das brigadas possuem as seguintes equipes e funções:

- **Equipe de extintores**: brigadistas que devem dar o primeiro combate ao princípio de incêndio, utilizando extintores manuais ou carretas.

- **Equipe de hidrantes**: brigadistas que são encarregados de montar as linhas de mangueiras e combater o incêndio caso a equipe de extintores não consiga a sua extinção.

- **Equipe de salvamento, resgate ou primeiros socorros**: brigadistas que são treinados para a retirada das vítimas do local sinistrado e realizam os primeiros socorros quando necessários.

- **Equipe de abandono de área**: brigadistas que possuem treinamento específico para a retirada das pessoas de dentro da edificação caso seja necessário. Essa equipe deverá constituir uma brigada de abandono de local em caso de prédios ou outros locais que exijam um número grande de brigadistas (veja Brigadas de abandono, p. 165).

- **Equipe de apoio técnico**: brigadistas com funções específicas, dependendo de cada local e ocupação do imóvel. Podemos citar: eletricistas, pessoal de manutenção, brigadistas para utilizarem as máscaras autônomas, etc.

- **Equipe de controle ambiental**: brigadistas com as funções específicas de controle ambiental da emergência ou do sinistro. Essa equipe tem a missão de evitar ou minimizar os danos ambientais da emergência.

A equipe de controle ambiental é recente na estrutura das brigadas e atualmente vem sendo incorporada por causa de cuidados ambientais exigidos durante os sinistros ou as emergências.

Seja qual for a emergência, com incêndio ou não, ela poderá gerar uma situação de risco ambiental, de contaminação ou qualquer outro passivo ambiental, por isso as brigadas atuais devem possuir uma equipe especializada e treinada para o atendimento desse tipo de sinistro.

Essa equipe deve possuir além de conhecimentos específicos relativos à sua formação, conhecimentos básicos sobre riscos químicos, equipamentos de proteção individual, equipamentos de monitoramento, primeiros socorros e meio ambiente.

O treinamento da equipe de controle ambiental deverá ser permanente e específico sobre os riscos ambientais que possam ocorrer em sua empresa ou local de trabalho. Aconselha-se que seja montado um procedimento operacional padrão (POP) e incluído no plano de intervenção da brigada, no qual deverão estar descritas as suas funções e atribuições, bem como os principais aspectos a ser observados no atendimento da emergência ambiental.

Organograma básico das equipes:

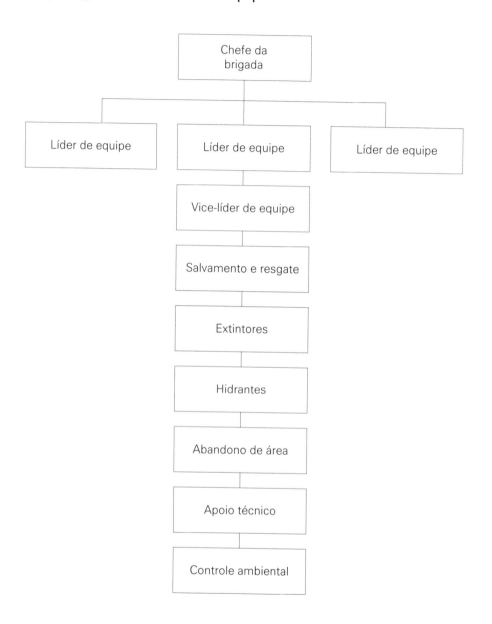

Planejamento da brigada de incêndio

OBJETIVO GERAL

Fixar condições mínimas para a formação das brigadas de prevenção e combate a incêndio, bem como para sua instrução, seu treinamento e sua reciclagem nos prédios que necessitam de sua atuação.

Obs.: no Estado de São Paulo, no planejamento referente às brigadas, deverão ser observadas as determinações previstas na Instrução Técnica (IT) nº 16/2019 – Gerenciamento de Riscos de Incêndio do Corpo de Bombeiros da PMESP.

OBJETIVO ESPECÍFICO

Definir especialmente os aspectos básicos relativos:

- à existência ou não de brigada de incêndio ou somente pessoal treinado, com noções básicas de uso dos equipamentos;
- ao número de participantes de uma brigada, analisados os aspectos de população fixa e flutuante e a metragem quadrada do local;
- ao currículo didático a ser ministrado, com o número de aulas que inclua o conteúdo mínimo do programa de instrução;
- à reciclagem e seus prazos;
- à fiscalização e ao organograma dos brigadistas e bombeiros civis.

DEFINIÇÕES

- **Distinção entre brigadista e bombeiro civil**: é muito comum ocorrer confusão entre as funções e definições de brigadista e bombeiro civil. O bombeiro civil é um funcionário da empresa com uma função específica – é um profissional na área – e o brigadista é um funcionário comum, com treinamento de prevenção e combate a incêndio.

- **Conceito e finalidade da brigada de abandono:** a brigada de abandono é a organização interna de uma empresa com a finalidade precípua de retirar os funcionários dos diversos setores mais rapidamente possível, de forma ordenada e segura, em caso de sinistro. Difere, portanto, da brigada de incêndio, visto que ela possui atividade diversa e muitas vezes permanece dentro do ambiente efetuando o combate, enquanto a brigada de abandono deixa o local sinistrado. Assim, os dois grupos não devem ser integrados pelos mesmos empregados, visto possuírem finalidades diferentes, embora possam ter o mesmo treinamento.

- **Estabelecimento:** conjunto abrangido pelo terreno, pela edificação e ocupação.

- **Pessoa habilitada:** pessoa com instrução teórica e prática relativas à prevenção e ao combate a incêndios, abandono de local, sistemas de detecção e alarme, e também conhecedora de aspectos peculiares do estabelecimento onde presta serviço ou habita.

- **Brigada de incêndio:** um grupo organizado de pessoas voluntárias ou não, treinadas e capacitadas para atuar na prevenção, no socorro de vítimas, abandono e combate.

- **Bombeiro civil (também conhecido como bombeiro industrial ou patrimonial):** indivíduo que presta serviços de atendimento de emergência a uma empresa, com formação profissional específica ou com comprovada experiência mínima de um ano como brigadista na área de prevenção e combate a incêndios, abandono de edificações, primeiros socorros e manutenção de equipamentos, devidamente uniformizado, que exerce com exclusividade essas funções.

- **Combate a incêndio:** conjunto de ações táticas destinadas a extinguir ou isolar o incêndio com o uso de equipamentos manuais ou automáticos.

- **População fixa:** aquela que permanece regularmente na edificação, considerando os turnos de trabalho e a natureza da ocupação, bem como os terceiros nessas condições.

- **População flutuante**: aquela que não permanece na edificação a não ser por motivos de curta estadia. Sempre deve ser considerada pelo pico de lotação do local.

- **Profissional habilitado**: profissional que possua nível técnico ou superior com especialização em prevenção e combate a incêndios e técnicas de emergência médica e que tenha experiência comprovada na área de pelo menos dois anos. Enquadram-se nessa categoria, desde que possuam a especialização e sejam registrados nos órgãos competentes, os seguintes profissionais:
  - engenheiros e/ou arquitetos;
  - oficiais e sargentos das Forças Armadas, Polícias Militares e Corpo de Bombeiros Militares com cursos de especialização na área com duração mínima de cem horas;
  - técnicos de segurança;
  - outros correlatos.

  Obs.: os profissionais habilitados devem ser credenciados pelo corpo de bombeiros.

- **Exercício simulado**: exercício prático realizado periodicamente para manter a brigada e os ocupantes das edificações em condições de enfrentar uma situação real de emergência.

- **Planta**: local onde estão situadas uma ou mais empresas, com uma ou mais edificações.

- **Técnico de segurança**: é o profissional portador de certificado de conclusão do curso de técnico de segurança do trabalho e possuidor do registro de supervisor de segurança do trabalho junto ao Ministério do Trabalho.

- **Engenheiro de segurança**: é o profissional portador de certificado de conclusão do curso de especialização em nível de pós-graduação em engenharia de segurança do trabalho.

Composição da brigada de incêndio: critérios

Para determinarmos o número mínimo para a composição de uma brigada de incêndio, devemos analisar:

- a população fixa por pavimento;
- a área construída/altura das edificações e ocupação por m^2;
- os equipamentos de combate a incêndio instalados.

No estado de São Paulo deverá ser observada a Instrução Técnica nº 17/19, do Decreto Estadual nº 63.911 de 10/12/2018 do Corpo de Bombeiros da PMESP.[2]

Devemos observar também a NBR 14.608 que trata sobre o bombeiro profissional civil.

CRITÉRIO PARA FORMAÇÃO: POPULAÇÃO FIXA POR PAVIMENTO OU COMPARTIMENTO

Este critério é baseado na Norma Técnica Brasileira nº 14.276: Brigada de incêndio e emergência – requisitos e procedimentos e na Instrução Técnica nº 17/2019, do Decreto Estadual nº 63.911, de 10/12/2018, do Corpo de Bombeiros da PMESP.

A brigada de incêndios deve ser composta levando-se em conta a população fixa por pavimento ou compartimento. Além disso, devem ser observadas as exigências estabelecidas em legislação.

Para determinar o número de brigadistas de uma edificação pela Instrução Técnica nº 17/2019 devemos:

- classificar a edificação (em grupo, divisão e descrição);
- verificar a população fixa por pavimento ou compartimento;

---

2 Disponível em: http://www.ccb.polmil.sp.gov.br. Acesso em: jun. 2021.

- observar o número de brigadistas previstos na tabela e as exigências quando a população for superior a dez pessoas.

Obs.: consulte a tabela completa na legislação citada.

CRITÉRIO FISCALIZADOR: EQUIPAMENTOS INSTALADOS

Esse critério é baseado no Decreto Estadual nº 63.911, de 10 de dezembro de 2018, que institui o Regulamento de Segurança contra Incêndio das edificações e áreas de risco.

Esse critério constitui o parâmetro fiscalizador. Para aplicá-lo, é preciso considerar que:

- os equipamentos de prevenção e combate a incêndio são instalados conforme normas e critérios previamente estabelecidos pelo corpo de bombeiros, por intermédio da legislação vigente;
- os equipamentos instalados (hidrantes e extintores) devem ter pessoal habilitado em número suficiente para operá-los;
- para operar um hidrante de parede, sugere-se por segurança o mínimo de três pessoas habilitadas;
- uma pessoa habilitada manuseia com eficiência e rapidez, nos primeiros 5 minutos de um sinistro, aproximadamente duas unidades extintoras;
- nunca serão operados ao mesmo tempo todos os hidrantes na edificação.

Considerando que os parâmetros (critérios) de *metragem quadrada × altura da edificação e população fixa* podem por vezes compor um quadro irreal e exigir um número ideal de brigadistas, tanto para mais quanto para menos, adotar-se-á o critério do *número de equipamentos instalados* como um "sensor" e fiscalizador dos dois primeiros, observando-se o seguinte:

$$N^{\underline{o}} \text{ DE BRIGADISTAS} = \frac{(N^{\underline{o}} \text{ DE HIDRANTES} \times 3) + (N^{\underline{o}} \text{ DE EXTINTORES} : 2)}{2}$$

São pressupostos desse critério:

- os números de hidrantes e de extintores a serem utilizados para esse parâmetro são os do Projeto de Prevenção e Combate a Incêndios, aprovado pelo corpo de bombeiros;

- o número apropriado nesse caso será o mínimo possível para a formação da brigada de incêndio, devendo ser observados os critérios anteriores em suas peculiaridades;

- a média ponderada entre a população fixa e a metragem quadrada deve ser considerada, mas também fiscalizada por esse critério;

- caso só existam extintores na edificação, o *n$^{\underline{o}}$ de brigadistas = n$^{\underline{o}}$ de extintores dividido por 2*;

- para as brigadas de abandono, o *n$^{\underline{o}}$ de brigadistas = n$^{\underline{o}}$ de pavimentos × (n$^{\underline{o}}$ de saídas de emergência × 3)*, considerando-se as três funções principais de coordenador de grupo, puxa-fila e cerra-fila;

- para cada 10.000 m^2 de área construída, deverá ser exigida a presença de um bombeiro civil, exceto nas edificações residenciais, que poderão ser dispensadas dessa exigência;

- caso seja comprovada a existência de no mínimo dois bombeiros civis 24 horas ininterruptamente, poderão ser dispensadas as exigências de 20% dos brigadistas de acordo com esse critério (n$^{\underline{o}}$ de equipamentos instalados), desde que não afetem a segurança contra incêndio da edificação, e os números mínimos de cada andar, setor, departamento, etc. sejam atendidos;

- o número de brigadistas apurado é o mínimo, devendo ser distribuído proporcionalmente entre os turnos de serviço, observando-se a população fixa por horário.

Critérios básicos para a seleção de candidatos à brigada

Os candidatos à brigada devem atender preferencialmente aos seguintes critérios básicos:

- participação voluntária;
- permanecer na edificação;
- possuir experiência anterior como brigadista, sempre que possível;
- possuir robustez física e boa saúde, bem como ser submetido a exame médico que o declare apto para a função;
- possuir bom conhecimento das instalações;
- ter responsabilidade legal (maior de 18 anos);
- ser alfabetizado;
- trabalhar em setores sensíveis (de manutenção, elétrico, de telefonia, de segurança, etc.).

Obs.:

1. Caso nenhum candidato atenda aos critérios básicos relacionados, devem ser selecionados aqueles que atendam ao maior número de requisitos.
2. A participação na brigada deverá ser formalizada por escrito por meio de formulários específicos.

Princípios básicos

Para a elaboração de programa eficiente de brigada de incêndio, sugere-se que sejam atendidos os seguintes requisitos, quanto às condições gerais da edificação.

- A edificação deve estar regularizada de acordo com as normas e a legislação vigentes.

- Devem estar disponíveis no local: os projetos, os memoriais descritivos de proteção contra incêndio, os memoriais da construção, os memoriais da indústria e o memorial complementar.

- Deverá estar disponível também, em local de fácil acesso e visível, próximo à entrada principal, 24 horas por dia, resumo do programa de brigada de incêndio contendo: os principais riscos (carga incêndio e produtos perigosos), meios de fuga e combate a incêndio, contendo inclusive a reserva de incêndio (volume da caixa-d'água).

O memorial complementar deve ser descrito de acordo com os seguintes itens:

- vizinhança: indicar a posição e a ocupação em croqui;

- riscos em potencial: indicar os riscos existentes com sua localização, isolamento por distância ou por material resistente ao fogo, quando houver;

- população: indicar a fixa, a flutuante e a total;

- meios de escape: indicar todos os meios existentes (acessos, passarelas, elevadores de segurança, saídas comuns e de segurança), bem como sua localização;

- meios de ajuda externa: indicar sistemas ou brigadas de edificações próximas, bem como corpos de bombeiros e hospitais e suas respectivas distâncias em quilômetros.

Currículo básico do curso de formação de brigadista de incêndio

A partir da aprovação da NBR 14.276 e da IT nº 17/2019 do Decreto Estadual nº 63.911, de 10/12/2018, foram estabelecidos critérios mínimos para a formação e o treinamento das brigadas de incêndio, como:

- Objetivos: proporcionar aos alunos conhecimentos básicos sobre prevenção, isolamento e extinção de princípios de incêndio, abandono de local com sinistro, além de primeiros socorros.

- Instrutores e avaliadores: profissionais habilitados.
- Turmas: sugere-se que sejam compostas de no máximo 30 alunos (ideal: 20 alunos).

Para facilitar o entendimento, devem ser observadas as tabelas com o conteúdo programático exigido pela IT nº 17/2019.[3] Nos estados da federação onde não se aplicam esses conteúdos, deverão ser observados os da NBR 14.276: Brigada de incêndio e emergência –requisitos e procedimentos.

Para saber qual é a exigência de carga horária e conteúdo programático pela IT nº 17/2019 devemos:

1. Classificar a edificação (em grupo, divisão e descrição) – Tabela A.1: Composição mínima da brigada de incêndio por pavimento ou compartimento.

2. Observar na última coluna da direita da tabela A.1 qual é o nível exigido para o treinamento da brigada de incêndio (básico, intermediário ou avançado).

3. Ver a exigência na Tabela B.2: Módulo e carga horária mínima por nível do treinamento.

É recomendado complementar a instrução da brigada de incêndio com o conteúdo didático previsto na Tabela B.3: Conteúdo complementar para treinamento de brigada.

Controle do programa de brigada de incêndio

REUNIÕES ORDINÁRIAS

Devem ser realizadas reuniões mensais com os líderes da brigada, com registro em ata, nas quais são discutidos os seguintes assuntos:

---

3   Disponível em: http://www.ccb.polmil.sp.gov.br. Acesso em: jun. 2021.

- funções de cada membro da brigada no plano;
- condições de uso dos equipamentos de combate a incêndio;
- apresentação de problemas relacionados à prevenção de incêndio encontrados nas inspeções para que sejam feitas propostas corretivas;
- atualização das técnicas e táticas de combate a incêndio;
- alterações ou mudanças do efetivo da brigada;
- outros assuntos de interesse.

REUNIÕES EXTRAORDINÁRIAS

Após a ocorrência de um sinistro ou quando identificada uma situação de risco iminente, fazer uma reunião extraordinária para discussão e/ou providências a serem tomadas. As decisões tomadas são registradas em ata e enviadas às áreas competentes para as providências pertinentes.

EXERCÍCIOS SIMULADOS

Deve ser realizado, no mínimo, a cada 12 meses, um exercício simulado, parcial ou total, no estabelecimento ou local de trabalho com a participação de toda a população.

Imediatamente após o simulado, deve ser realizada uma reunião extraordinária para avaliação e correção das falhas ocorridas.

Deve ser elaborada ata na qual constem:
- horário do evento;
- tempo gasto no abandono (saída e retorno);
- tempo gasto no combate ao incêndio;
- tempo gasto no atendimento de primeiros socorros;
- atuação da brigada;
- comportamento da população;
- participação do corpo de bombeiros e tempo gasto para sua chegada;
- ajuda externa (Plano de Auxílio Mútuo – PAM);

- falhas de equipamentos;
- falhas operacionais;
- demais problemas levantados na reunião.

Atribuições da brigada de combate a incêndio

São atribuições da brigada:

- combater princípio de incêndio, efetuar salvamento e exercer a prevenção;
- conhecer e avaliar os riscos de incêndio existentes;
- recepcionar e orientar o corpo de bombeiros;
- participar das inspeções regulares e periódicas;
- conhecer as vias de escape;
- conhecer os locais de alarme de incêndio e o princípio de acionamento do sistema;
- conhecer todas as instalações do prédio;
- verificar as condições de operacionalidade dos equipamentos de combate a incêndio e de proteção individual;
- conhecer o princípio de funcionamento de todos os sistemas de extinção de incêndio (*sprinklers*, CO_2, espuma, etc.);
- atender imediatamente a qualquer chamado de emergência;
- agir de maneira rápida, enérgica e convincente em situações de emergência;
- após o término do expediente, verificar se portas, janelas, arquivos, gavetas, etc. foram fechados, se os aparelhos elétricos (ventiladores, ar-condicionado, computadores, máquinas de escrever, máquinas de somar, etc.) foram desligados, se há pontas de cigarro acesas nos

depósitos de lixo, se todas as torneiras foram fechadas e se todos os cinzeiros foram esvaziados;

- auxiliar a brigada de abandono na inspeção do local quando da retirada dos ocupantes da edificação.

Atribuições específicas (principais)

COORDENADOR

- Elaborar o Plano de Prevenção e Combate a Incêndio.
- Providenciar o treinamento da brigada de incêndio e brigada de abandono.
- Fiscalizar a inspeção e manutenção dos equipamentos de prevenção e combate a incêndio.
- Selecionar os funcionários que irão compor a brigada de incêndio.
- Dirigir as operações de emergência e avaliar e controlar de forma permanente as condições de segurança da empresa.

CHEFE DA ASSESSORIA

- Fiscalizar e desenvolver o programa de treinamento da brigada.
- Assessorar quando da compra de equipamentos de proteção contra incêndio para a execução das missões da brigada.
- Fiscalizar a aplicação dos exercícios de combate a incêndio, salvamento e abandono do prédio.
- Elaborar relatório sobre as condições de segurança contra incêndio e também sobre ocorrências de incêndio e atividades da brigada.

CHEFE DA BRIGADA

- Atuar em sinistro, coordenando e comandando todos os líderes de sua edificação.

- Receber e cumprir as orientações do coordenador da brigada e transmiti-las aos seus líderes.
- Inspecionar os equipamentos de combate a incêndio do seu setor.
- Fornecer dados para a elaboração dos relatórios.
- Reunir os componentes da brigada para as instruções e avaliar as suas condições de treinamento e as condições dos equipamentos sob sua responsabilidade.

LÍDER DE BRIGADA

- Cumprir e fazer cumprir as ordens emanadas dos escalões superiores.
- Coordenar e fiscalizar os brigadistas do setor sob sua responsabilidade durante as situações de emergência.
- Participar juntamente com os brigadistas das instruções e treinamentos práticos.
- Conhecer todos os equipamentos de prevenção e combate a incêndio de seu setor, bem como fiscalizar e conferir sua operacionalidade (manutenção básica e inspeção).

Essas são algumas das atividades específicas dos componentes em nível de chefia de uma brigada de incêndio. Esse assunto, entretanto, não se esgota aí, devendo ser tratado exaustivamente durante a elaboração do Plano de Atuação da Brigada de Incêndio.

Recursos materiais básicos para uma brigada

A instalação e a distribuição dos equipamentos de combate a incêndio deverão obedecer a um projeto previamente aprovado nos órgãos competentes.

A empresa poderá, no entanto, ser dividida em setores e haverá um dimensionamento para cada setor, em tipo e em quantidade, de acordo com os riscos a proteger, dos equipamentos e materiais discriminados abaixo:

- máscaras contra gases;
- capacetes;
- botas de segurança;
- luvas de raspa;
- roupas de penetração e de aproximação do fogo;
- perneiras;
- lanternas;
- cordas;
- equipamentos de primeiros socorros (ressuscitador, desfibrilador, etc.);
- caixas de primeiros socorros;
- maca;
- pé de cabra;
- rádio HT.

Outros materiais poderão ser adquiridos, devendo ser acrescidos à lista dos já aprovados.

Plano de atuação da brigada de incêndio

Cada empresa deverá montar um plano de atuação da sua brigada de incêndio, visando reuni-la o mais rapidamente possível, e traçar orientações para o atendimento das diversas situações de sinistros, observando os procedimentos básicos de emergência.

Procedimentos básicos de emergência

Para dar início aos procedimentos básicos de emergência, devem ser utilizados os recursos disponíveis.

- Alerta

  Identificada uma situação de emergência, qualquer pessoa pode alertar, através dos meios de comunicação disponíveis, os ocupantes, os brigadistas e/ou o apoio externo, inclusive o corpo de bombeiros.

- Código de alarme

  Cada empresa deve estabelecer um código de alarme de incêndio conhecido por todos os funcionários, para poder reunir a brigada em um ponto predeterminado, chamado ponto de encontro, onde os componentes da brigada receberão instruções sobre o sinistro.

- Análise da situação

  Após o alerta, a brigada deve analisar a situação desde o início até o final do sinistro. Havendo necessidade, deve acionar apoio externo (Polícia Militar, Corpo de Bombeiros, etc.) e desencadear os procedimentos necessários, que podem ser priorizados ou realizados simultaneamente, de acordo com o número de brigadistas e com os recursos disponíveis no local.

- Primeiros socorros

  Prestar primeiros socorros às possíveis vítimas, mantendo ou restabelecendo suas funções vitais, se for necessário, para eventual transporte e posterior socorro especializado.

- Corte de energia

  Cortar, quando possível ou necessário, a energia elétrica dos equipamentos, da área ou geral.

- Abandono da área

  Proceder ao abandono da área parcial ou total, quando necessário, conforme comunicação preestabelecida, removendo as pessoas para local seguro, a uma distância mínima de 100 m do local do sinistro, permanecendo até a definição final, conforme plano de abandono.

- Confinamento do sinistro

  Evitar a propagação do sinistro e/ou suas consequências.

- Isolamento da área

Isolar fisicamente a área sinistrada, de modo que garanta os trabalhos de emergência e evitar que pessoas não autorizadas adentrem o local.

- Extinção

Eliminar o sinistro, restabelecendo a normalidade.

- Investigação

Levantar as possíveis causas do sinistro e suas consequências e emitir relatório para discussão nas reuniões extraordinárias, com o objetivo de propor medidas corretivas para evitar a repetição da ocorrência.

Obs.: com a chegada do corpo de bombeiros, a brigada deve ficar à sua disposição.

- Identificação da brigada

  – quadros de aviso ou similares devem ser distribuídos em locais visíveis e de grande circulação, sinalizando a existência da brigada de incêndio e seus integrantes em suas respectivas localizações;

  – o brigadista deve utilizar constantemente, em lugar visível, um *button* ou crachá que o identifique como membro da brigada;

  – no caso de uma situação real ou simulado de emergência, o brigadista deve usar, além do *button* ou crachá, um colete ou capacete para facilitar sua identificação e auxiliar na sua atuação.

- Comunicação interna e externa

  – nas plantas em que houver mais de um pavimento, setor, bloco ou edificação, deve ser estabelecido previamente um sistema de comunicação entre os brigadistas, a fim de facilitar as operações durante a ocorrência de uma situação real ou simulado de emergência;

  – essa comunicação pode ser feita por telefones, quadros sinópticos, interfones, sistemas de alarme, rádios, alto-falantes, sistemas de som interno, etc.;

  – caso seja necessária a comunicação com meios externos (corpo de bombeiros ou plano de auxílio mútuo), a telefonista ou o radioperador são os responsáveis por ela. Para tanto, é preciso que essa pessoa seja devidamente treinada e que esteja instalada em local seguro e estratégico para o abandono. A comunicação deve ser autorizada pelo coordenador geral.

- Ordem de abandono

O responsável máximo da brigada de incêndio (coordenador geral, chefe da brigada ou líder, conforme o caso) determina o início do abandono, devendo priorizar o(s) local(is) sinistrado(s), o(s) pavimento(s) superior(es) a ele(s), o(s) setor(es) próximo(s) e os locais de maior risco.

- Ponto de encontro

Devem ser previstos um ou mais pontos de encontro dos brigadistas, para distribuição das tarefas.

- Grupo de apoio

O grupo de apoio é formado por membros da segurança patrimonial, eletricistas, encanadores, telefonistas e técnicos especializados na natureza da ocupação, que não participam da brigada de incêndio.

Brigadas de abandono

Uma das maiores preocupações durante uma situação de emergência é a retirada das pessoas, o mais rápido possível, sem nenhum tipo de acidente ou incidente, de dentro do local sinistrado para um ambiente seguro; esse procedimento é chamado de "abandono de local".

De acordo com as características da população que ocupa a edificação, hoje podemos dividir, didaticamente, as situações de abandono de local em abandono orientado e abandono coordenado.

O *abandono orientado* é aquele em que a brigada é treinada para se colocar em locais predeterminados durante uma situação de emergência, orientando o caminho a ser seguido para a saída rápida e segura do prédio, pois o imóvel possui uma população que desconhece os procedimentos de abandono da edificação. Podemos citar os locais de reunião pública, como lojas de departamentos, *shoppings*, etc.

O *abandono coordenado* é aquele em que a brigada é treinada para agir de acordo com um plano predeterminado, onde cada um de seus membros possui uma função específica, e a população, em sua maioria fixa, é treinada para as situações de emergência, sabendo como proceder durante um abandono de local.

Para facilitar a compreensão desse assunto, devemos rever algumas definições:

- **Brigada de abandono**: grupo de funcionários estrategicamente localizados e devidamente treinados para efetuar a retirada ordenada de todos os ocupantes do edifício.

- **Plano de abandono**: conjunto de normas e ações desencadeado pela equipe da brigada de abandono, visando a remoção rápida, segura, de forma ordenada e eficiente de toda a população fixa e flutuante da edificação em caso de uma situação de sinistro ou em exercício simulado de abandono.

- **Ponto de reunião ou concentração**: local seguro, previamente escolhido, fora do prédio, onde serão reunidos todos os funcionários para conferência.

- **Brigada de incêndio**: a brigada de incêndio é composta por funcionários de diversos setores da empresa que possuem treinamento específico para o combate ao fogo. Sua organização, entretanto, deverá ser de acordo com as características da edificação, como altura, área construída, número de ocupantes e de pavimentos e tipo de ocupação.

- **Alarme de incêndio**: é um sistema de alerta utilizado para comunicar a existência de uma ocorrência na edificação, dotado de botoeiras com vidros de proteção e sirenes ligadas a uma central de baterias. O alarme é acionado quando o vidro é quebrado e entra em funcionamento emitindo um som característico.

- **Treinamentos**: são exercícios realizados, periodicamente, com o objetivo de conscientizar os ocupantes de uma edificação, treinando-os para seguirem corretamente as normas de segurança necessárias em caso de emergência. Esses exercícios devem ser programados para que todos conheçam as rotas a serem seguidas, aperfeiçoando o tempo para desocupação, bem como os tipos e os toques de alarme que deverão iniciar a preparação do abandono controlado.

COMPONENTES DE UMA BRIGADA DE ABANDONO

Durante o abandono coordenado, devemos ter componentes da brigada com funções específicas que possuam responsabilidades diversas durante os procedimentos de retirada das pessoas do local sinistrado. As funções básicas são coordenador-geral, coordenador de andar, puxa-fila, cerra-fila e auxiliar.

Coordenador-geral

- É o responsável por todo o abandono.
- Determina o início do abandono.
- Controla a saída de todos os andares.
- É o responsável geral por todas as decisões relativas ao abandono.
- Libera ou não o retorno das pessoas à edificação após ter sido debelado o sinistro.

Coordenador de andar

- É o responsável pelo controle de abandono em seu andar.
- Determina a organização da fila.
- Confere visualmente os componentes de seu andar e verifica se todos estão na fila.
- Inspeciona todo o andar, incluindo salas, depósitos e sanitários.
- Determina o mais rápido possível o início da descida ou da saída.
- Ao chegar ao ponto de reunião ou concentração, confere novamente todo o pessoal através de uma listagem previamente elaborada.

- Deve dar atenção especial para a remoção de pessoas idosas, portadoras de necessidades especiais, gestantes e crianças.

Puxa-fila

- É o primeiro componente da brigada de abandono de cada pavimento.

- Ao ouvir o alarme de abandono, assume o local predeterminado.

- É o responsável por iniciar a saída ou a descida organizada.

- Determina a velocidade da saída (deve receber treinamento específico para isso).

- Deve estar identificado com o número do pavimento.

- Deve ajudar a manter a calma e a ordem do seu grupo.

- Deve formar uma fila indiana intercalando homem e mulher, homem e idoso/criança.

Cerra-fila

- É o último componente da brigada de abandono.

- É o responsável para ajudar na conferência do pessoal da fila, auxiliando o coordenador do andar.

- Auxilia na organização para evitar flutuação da fila.

- Responsável pelo fechamento das portas que ficarem para trás durante o abandono.

- Não deve permitir espaçamento, brincadeiras, conversas em demasia ou retardar a saída.

- Deve auxiliar as pessoas em caso de acidentes ou mal súbito.

Auxiliar

- É o componente da brigada de abandono sem função específica, podendo substituir tanto o puxa-fila quanto o cerra-fila, em caso de falta, ou o coordenador de andar.

- Auxilia os demais componentes na vistoria das dependências do estabelecimento.

- Normalmente a sua identificação é feita somente por um bóton.

Obs.: caso a edificação não comporte uma brigada de abandono com treinamento coordenado, deverá ser montado um plano de abandono do tipo orientado, em que será acrescentada a função de *monitor de trajeto*. Os brigadistas com essa função serão os responsáveis pela orientação do fluxo das pessoas para as saídas de emergência mais adequadas e próximas, colocando-se em pontos estratégicos que, além de serem visuais, facilitem a saída rápida e segura do local.

PROCEDIMENTOS BÁSICOS DE ABANDONO

Para a perfeita execução do abandono de local, faz-se necessário o treinamento periódico dos componentes da brigada, bem como a realização de palestras-relâmpago para os demais funcionários, visando orientá-los a respeito dos procedimentos gerais a ser seguidos. As principais orientações são as seguintes:

- pegar seus pertences pessoais;

- desligar os equipamentos elétricos;

- dirigir-se ao local predeterminado pelo plano de abandono;

- manter a calma evitando tumulto e pânico;

- caso esteja recebendo visitas, leve-as com você e coloque-as à sua frente na fila, orientando-as a respeito (elas serão de sua responsabilidade);

- nunca use os elevadores;

- não ria nem fume;

- não interrompa sua descida por nenhum motivo;

- nunca retorne ao local sinistrado;

- ao chegar no andar térreo, encaminhe-se para o ponto de reunião predeterminado;

- mantenha-se em silêncio e aguarde a conferência (rápida e visual) do coordenador de andar para iniciar a descida.

- caso tenha conhecimento de que um funcionário faltou, avise o coordenador de andar;

- obedeça as orientações dos componentes da brigada de abandono;

- ande em ordem, permaneça em fila indiana, evitando flutuação;

- evite fazer barulho desnecessário;

- não tire as roupas do corpo.

Recomendações gerais

Se um incêndio ocorrer em seu edifício e existir nele um plano contra incêndio, obedeça às instruções; caso contrário, obedeça às seguintes recomendações.

- Use as escadas – nunca o elevador; um incêndio pode provocar o corte de energia e você cairá em uma armadilha, sem mais esperanças. Feche todas as portas que for deixando para trás.

- Se houver pânico na saída principal, evite e fique longe dos ajuntamentos. Procure outra saída. Saindo, *não retorne.*

- Saia imediatamente; muitas pessoas não acreditam, mas o incêndio pode se alastrar rapidamente.

- Toque a porta com a mão: se estiver quente, não abra; só o faça se estiver fria. Esse teste é importante.

- Não salte do prédio; muitas pessoas morrem, inútil e absurdamente, antes da chegada de socorro, que muitas vezes acontece em minutos.

- Se você ficar preso em meio à fumaça, respire pelo nariz, em curtas inalações, e procure rastejar para a saída, pois próximo ao chão o ar permanece respirável por mais tempo.

- Se você não puder sair, mantenha-se atrás de uma porta fechada; qualquer porta serve como couraça. Procure janelas e abra-as em cima e embaixo; calor e fumaça devem sair por cima, você poderá respirar pela abertura inferior.

- Se você ficar preso em uma sala cheia de fumaça, além de permanecer próximo ao piso, procure, se possível, aproximar-se de janelas, por onde possa pedir socorro.
- Não tente combater o incêndio, a menos que você saiba manusear, com eficiência, o equipamento de combate ao fogo.
- Conheça a localização, o tipo e o funcionamento dos extintores – fogo combatido no início não se transforma em incêndio.

Bombeiro profissional civil

DEFINIÇÃO E FUNÇÕES

O bombeiro civil é um profissional habilitado nos termos da lei, pertencente a uma empresa especializada ou à própria administração do estabelecimento, que exerça em caráter habitual função remunerada com dedicação exclusiva, na prestação de serviços de prevenção e combate a incêndios e atendimento de emergências em edificações ou eventos, tendo aprovação em curso de formação específico.

São funções básicas do bombeiro civil, entre outras:

- atuar na prevenção e combate a incêndio;
- avaliar os riscos existentes na edificação (em especial na rede de energia elétrica e gás liquefeito de petróleo);
- inspecionar periodicamente os equipamentos de proteção e de combate a incêndio;
- ajudar a programar os planos de combate a incêndios e abandono de local;
- atuar no resgate de pessoas em situação de perigo iminente, emergência médica pré-hospitalar, salvamento aquático, intervenção em

acidentes elétricos, hidráulicos e com produtos químicos, prevenção e acompanhamento em determinadas atividades como solda, enfim, atuar em diversas atividades relacionadas à prevenção de acidentes.

OBSERVAÇÃO:

Para maiores informações, consultar a Norma Brasileira da ABNT – NBR 14608 – Bombeiro Profissional Civil.

8 Primeiros socorros

Entende-se por primeiros socorros o tratamento imediato e provisório ministrado a uma vítima de trauma ou doença. Geralmente os primeiros socorros são prestados no próprio local onde o paciente se encontra, até colocá-lo sob cuidados médicos.

É da maior importância que o socorrista conheça e saiba colocar em prática o suporte básico da vida. Saber fazer o certo na hora certa pode significar a diferença entre a vida e a morte para um acidentado. Além disso, os conhecimentos na área podem minimizar os resultados decorrentes de uma lesão, reduzir o sofrimento da vítima e colocá-la em melhores condições para receber o tratamento definitivo.

O domínio das técnicas de suporte básico da vida permitirá que o socorrista identifique o que há de errado com a vítima; levante-a ou movimente-a, quando isso for necessário, sem causar lesões secundárias, e, finalmente, transporte-a e transmita informações sobre seu estado ao médico, que se responsabilizará pela sequência de seu tratamento.

A seguir trataremos de forma simples e sucinta de alguns assuntos na área de primeiros socorros, que devem ser complementados com o auxílio de manuais técnicos específicos a respeito e treinamento por profissionais da área.

RECOMENDAÇÃO | Se possível, acione o **Resgate** **193** antes de mexer na vítima.

Avaliação inicial

Antes de qualquer outra atitude no atendimento às vítimas, deve-se obedecer a uma sequência padronizada de procedimentos, que permitirá determinar qual o principal problema associado à lesão ou à doença e quais serão as medidas a ser tomadas para corrigi-lo.

Essa sequência padronizada de procedimentos é conhecida como *exame do paciente*. Durante o exame, a vítima deve ser atenta e sumariamente examinada para que, com base nas lesões sofridas e nos seus sinais vitais, as prioridades do atendimento sejam estabelecidas. O exame do paciente leva em conta aspectos subjetivos, tais como:

- **O local da ocorrência**. É seguro? Será necessário movimentar a vítima? Há mais de uma vítima? Pode-se dar conta de todas as vítimas?

- **A vítima**. Está consciente? Tenta falar alguma coisa ou aponta para qualquer parte do seu corpo?

- **As testemunhas**. Elas estão tentando dar alguma informação? O socorrista deve ouvir o que dizem a respeito dos momentos que antecederam o acidente.

- **Mecanismos da lesão**. Há algum objeto caído próximo da vítima, como escada, moto, bicicleta, andaime, etc.? A vítima pode ter sido ferida pelo volante do veículo?

- **Deformidades e lesões**. A vítima está caída em posição estranha? Ela está queimada? Há sinais de esmagamento de algum membro?

- **Sinais**. Há sangue nas vestes ou ao redor da vítima? Ela vomitou? Ela está tendo convulsões?

As informações obtidas por esse processo, que não se estende por mais do que alguns segundos, são extremamente valiosas na sequência do exame, que é subdividido em duas partes: a análise primária e a análise secundária do paciente.

ANÁLISE PRIMÁRIA

A análise primária é uma avaliação realizada sempre que a vítima está inconsciente e é necessária para detectar as condições que colocam em risco iminente a vida do paciente. Ela deve ser completada num intervalo entre 15 e 30 segundos, e se desenvolve obedecendo às seguintes etapas:

- determinar inconsciência;
- abrir vias aéreas;
- checar respiração;
- checar circulação;
- checar grandes hemorragias.

ANÁLISE SECUNDÁRIA

O principal propósito da análise secundária é descobrir lesões ou problemas diversos que possam ameaçar a sobrevivência do paciente, se não forem tratados convenientemente. É um processo sistemático de obter informações e ajudar a tranquilizar o paciente, seus familiares e testemunhas que tenham interesse pelo seu estado, e esclarecer que providências estão sendo tomadas.

Os elementos que constituem a análise secundária são:

- **Entrevista** – conseguir informações através da observação do local e do mecanismo da lesão, questionando o paciente, seus parentes e as testemunhas.
- **Exame da cabeça aos pés** – realizar uma avaliação pormenorizada do paciente, utilizando os sentidos do tato, da visão, da audição e do olfato.
- **Sintomas** – são as impressões transmitidas pelo paciente, tais como: tontura, náusea, dores, etc.
- **Sinais** – tudo o que se observar no paciente, como, por exemplo, cor da pele, diâmetro das pupilas, etc.
- **Sinais vitais** – pulso e respiração.

SINAIS VITAIS

Neste manual, serão considerados sinais vitais o exame e a constatação de:

- cor e temperatura relativa da pele;
- pulso;
- respiração.

Aliados ao exame da cabeça aos pés, esses sinais são valiosas fontes de informação, que permitem um diagnóstico provável do que está errado com o paciente e, o que é muito importante, quais são as medidas que devem ser tomadas para corrigir o problema.

Esses sinais estão esquematizados nas tabelas seguintes.

COR DA PELE

OBSERVAÇÃO	CAUSA PROVÁVEL
Vermelha	Acidente vascular cerebral, hipertensão arterial, ataque cardíaco, coma diabético
Pálida, cinzenta	Choque, ataque cardíaco, hemorragia, colapso circulatório, choque insulínico
Azulada, cianótica	Deficiência respiratória, arritmias, falta de oxigenação, doenças pulmonares, certos envenenamentos

TEMPERATURA DA PELE

OBSERVAÇÃO	CAUSA PROVÁVEL
Fria, úmida	Choque, hemorragia, perda de calor do corpo, intermação
Fria, seca	Exposição ao frio
Fria, com sudorese excessiva	Choque, ataque cardíaco
Quente, seca	Febre alta, insolação
Quente, úmida	Infecções

TIPOS DE PULSO

OBSERVAÇÃO	CAUSA PROVÁVEL
Rápido e forte	Hemorragia interna (estágios iniciais), ataque cardíaco, hipertensão
Rápido e fraco	Choque, fadiga pelo calor, coma diabético, falência do sistema circulatório

(cont.)

Lento e forte	Acidente vascular cerebral, fratura de crânio, lesão no sistema nervoso central
Ausência de pulso	Parada cardíaca

PULSO POR MINUTO

Normal	Adulto	60 a 80
	Criança (1 a 5 anos)	70 a 110
	Criança (5 a 12 anos)	65 a 160
	Bebê (0 a 1 ano)	150 a 180
Rápido	Adulto	+ 80
	Criança (1 a 5 anos)	+ 110
	Criança (5 a 12 anos)	+ 160
	Bebê (0 a 1 ano)	+ 180
Lento	Adulto	- 60
	Criança (1 a 5 anos)	- 70
	Criança (5 a 12 anos)	- 65
	Bebê (0 a 1 ano)	- 150

TIPOS DE RESPIRAÇÃO

OBSERVAÇÃO	CAUSA PROVÁVEL
Rápida, superficial	Choque, problemas cardíacos, choque insulínico, pneumonia, insolação
Profunda, ofegante e dificultosa	Obstrução das vias aéreas, ataque cardíaco, doenças pulmonares, lesões de tórax, coma diabético, lesões nos pulmões pelo calor
Roncorosa	Acidente vascular cerebral, fraturas de crânio, abuso de drogas ou álcool, obstrução parcial das vias aéreas
Crocitante	Obstrução das vias aéreas, lesões nas vias aéreas provocadas pelo calor
Gorgolejante	Obstrução das vias aéreas, doenças pulmonares, lesões nos pulmões provocadas pelo calor
Ruidosa, com chiado	Asma, enfisema, obstrução das vias aéreas, arritmia cardíaca
Tosse com sangue	Ferimentos no tórax, fraturas de costela, pulmões perfurados, lesões internas

TAXA RESPIRATÓRIA POR MINUTO

Normal	Adulto	12 a 20
	Criança (1 a 5 anos)	25 a 28
	Criança (5 a 12 anos)	20 a 24
	Bebê (0 a 1 ano)	30 a 70

(cont.)

Rápida	Adulto	+ 30 (problema sério)
	Criança (1 a 5 anos)	+ 44 (problema sério)
	Criança (5 a 12 anos)	+ 36 (problema sério)
	Bebê (0 a 1 ano)	+ 70 (problema sério)
Lenta	Adulto	- 10 (problema sério)
	Criança (1 a 5 anos)	- 20 (problema sério)
	Criança (5 a 12 anos)	- 16 (problema sério)
	Bebê (0 a 1 ano)	- 30 (problema sério)

Parada respiratória

A parada da respiração provoca a morte em 3 a 5 minutos.

A vítima apresenta

- Inconsciência.

- Tórax parado: ausência de movimentos respiratórios.

- Lábios, língua e unhas arroxeados.

O que fazer

- Respiração de socorro imediato, e, se houver hemorragia, é preciso controlá-la rapidamente.

RESPIRAÇÃO BOCA A BOCA [ADULTOS]

Como fazer

- Deite a vítima de costas.

- Retire quaisquer objetos da boca da vítima (dentadura, ponte móvel, etc.).

- Se houver vômito ou secreção, vire a cabeça de lado e limpe a boca e a garganta.

- Coloque uma das mãos sob o pescoço da vítima, e com a outra mão na testa incline sua cabeça para trás.

- Aperte as narinas da vítima com a mão que estava na testa, a fim de impedir a saída do ar.

- Coloque sua boca sobre a boca da vítima e sopre com força, até notar que o peito está se expandindo (utilize a proteção adequada).

- Retire a boca e observe a saída espontânea do ar que foi insuflado.

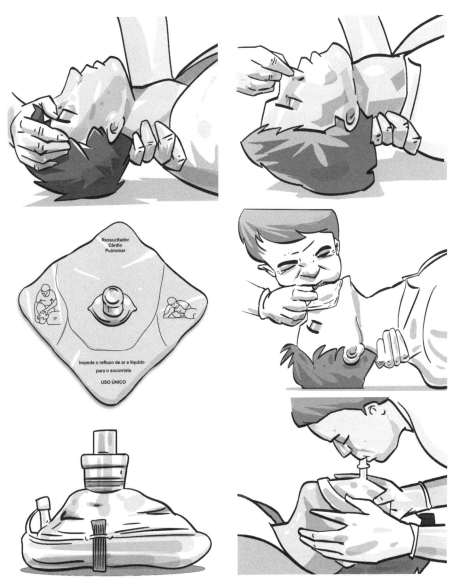

- Enquanto isso, inspire para repetir a operação em ritmo de 10 ventilações por minuto (conforme nova diretriz da American Heart Association de 2015).
- Quando a vítima voltar a respirar espontaneamente, interrompa a respiração de socorro, mas fique atento, pois a qualquer momento pode ser necessário reiniciá-la.

- Quando for possível, remova a vítima para o hospital. Acompanhe atentamente as suas reações e observe todos os procedimentos de reanimação previstos nas diretrizes.

- Na execução das ventilações, recomenda-se a utilização do selo para respiração boca a boca ou da bolsa-válvula-máscara/insuflador manual, conforme previsto na nova diretriz da American Heart Association, de 2015.

RESPIRAÇÃO BOCA A BOCA [CRIANÇAS]

Indicaremos apenas as diferenças para com o método boca a boca descrito anteriormente.

- Coloque sua boca sobre a boca e o nariz da criança (utilize a proteção adequada).

- Sopre suavemente até notar que o peito está se expandindo.

- Repita a operação de 10 ventilações por minuto (conforme nova diretriz da American Heart Association de 2015).

Obs.: verificar nas diretrizes da AHA 2020 as orientações para a respiração em bebês e recém-nascidos.

Parada cardíaca

A parada cardíaca pode ocorrer após a parada respiratória e exige, igualmente, ação imediata.

A vítima apresenta

- Inconsciência.

- Parada respiratória.

- Ausência de pulso e de batimentos cardíacos.

- Pupilas dilatadas.

O que fazer

- Coloque a vítima deitada de costas sobre uma superfície dura e inicie a massagem cardíaca externa.
- Coloque as mãos superpostas sobre a metade inferior do tórax, dois dedos acima do final do osso esterno.
- Faça uma vigorosa pressão com a palma da mão, sem que os dedos toquem o tórax (observe as recomendações sobre RCP).

Ressuscitação cardiopulmonar (RCP)

Define-se ressuscitação cardiopulmonar como o conjunto de manobras realizadas na tentativa de reanimar uma pessoa vítima de parada cardíaca e/ou respiratória.

A RCP é uma combinação de compressões sobre o tórax (que faz com que o coração da vítima continue a bombear sangue oxigenado) com a respiração assistida (que fornece oxigênio aos pulmões da vítima).

Podemos definir para fins específicos do suporte básico de vida (SBV) que os socorristas estão divididos em profissionais de saúde e leigos, sendo que estes últimos poderão ser treinados ou não. Caberá ao órgão normativo de saúde do país a definição legal referente ao assunto.

De acordo com as publicações das diretrizes da American Heart Association (AHA) para ressuscitação cardiopulmonar (RCP) e atendimento cardiovascular de emergência (ACE) de 2015 e 2020, devemos observar as alterações e recomendações a seguir, que são um resumo extraído dos destaques das diretrizes da AHA, mas que não esgotam o assunto, devendo ser complementados com estudos detalhados a respeito.

As diretrizes da AHA 2015 reforçam a necessidade de uma RCP de alta qualidade, incluindo:

- Frequência de compressão de 100 a 120/minuto.

- Profundidade de compressão mínima de 5 cm em adultos e adolescentes (a profundidade de compressão não deve exceder 6 cm).

- Profundidade de compressão de 5 cm em crianças e de 4 cm em bebês (verificar as demais orientações nas diretrizes da AHA 2015).

- Retorno total do tórax após cada compressão.

- Minimização das interrupções nas compressões torácicas.

- Evitar excesso de ventilação.

- Não houve alteração na recomendação referente à relação compressão-ventilação de 30:2 para um único socorrista de adultos, crianças e bebês (excluindo-se os recém-nascidos).

- Recomenda-se que as ventilações de resgate devem ser aplicadas em, aproximadamente, 1 segundo. Caso exista uma via aérea avançada colocada, as compressões torácicas poderão ser contínuas (frequência de 100 a 120/minuto) e não mais alternadas com ventilações. A frequência de ventilação poderá ser de uma a cada 6 segundos (10 ventilações por minuto). Deve-se evitar ventilação excessiva.

ALTERAÇÃO DE A-B-C PARA C-A-B

As diretrizes recomendam uma alteração na sequência de procedimentos de SBV de A-B-C (via aérea, respiração, compressões torácicas) para C-A-B (compressões torácicas, via aérea, respiração) em adultos, crianças e bebês (excluindo-se os recém-nascidos).

RCP de adulto por socorrista leigo

As principais recomendações das diretrizes da AHA 2015 para adultos por socorristas leigos são as seguintes:

- Criação do algoritmo universal simplificado (ver figura na página seguinte).

- Recomendações para o reconhecimento e o acionamento imediatos do serviço de emergência/urgência, com base nos sinais de que a vítima não responde e para o início da RCP se a vítima não responder.

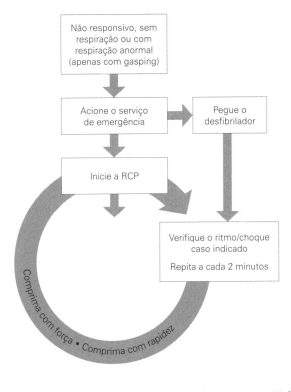

- O procedimento "ver, ouvir e sentir se há respiração" foi removido do algoritmo.
- A ênfase permanente em RCP de alta qualidade observando a frequência e a profundidade de compressão torácicas, permitindo retorno total do tórax após cada compressão, minimizando interrupções nas compressões e evitando ventilação excessiva.
- Alteração na sequência recomendada para o socorrista que atua sozinho:
  - iniciar as compressões torácicas antes de aplicar ventilações de resgate (C-A-B, em vez de A-B-C);
  - iniciar a RCP com 30 compressões, em vez de 2 ventilações, para reduzir a demora na aplicação da primeira compressão.
- A frequência de compressão deve ser de 100 a 120/minuto.
- A profundidade de compressão em adultos é de 5 cm.

Ênfase nas compressões torácicas: texto das diretrizes da AHA 2015

Socorristas leigos sem treinamento devem fornecer RCP somente com as mãos, com ou sem orientação de um atendente, para adultos vítimas de parada cardiorrespiratória (PCR). O socorrista deve continuar a RCP somente com compressão até a chegada de um desfibrilador automático externo (DEA) ou socorrista com treinamento adicional. Todos os socorristas leigos devem, no mínimo, aplicar compressões torácicas em vítimas de PCR. Além disso, se o socorrista leigo treinado puder realizar ventilações de resgate, as compressões e as ventilações devem ser aplicadas na proporção de 30 compressões para cada 2 ventilações. O socorrista deve continuar a RCP até a chegada e a preparação de um DEA para uso, ou até que os profissionais do SME assumam o cuidado da vítima ou que a vítima comece a se mover. (AHA, 2015, p. 6)

SUPORTE BÁSICO DE VIDA (SBV) PARA PROFISSIONAIS DE SAÚDE

Os principais pontos de discussão e as alterações nas recomendações para profissionais de saúde constam nas atualizações das diretrizes da AHA para RCP e ACE e devem ser consultados pelos profissionais da área.

Técnica de compressão torácica em vítimas adultas e adolescentes

- Comprimir o esterno cerca de 5 centímetros. Realizar a compressão com o peso de seu corpo e não com a força dos braços.

- O ritmo de compressões deve ser de 100 a 120 por minuto.

- Se o socorro for realizado por uma ou duas pessoas, efetuar 30 compressões torácicas por 2 ventilações, ou seja, na *frequência 30:2*.

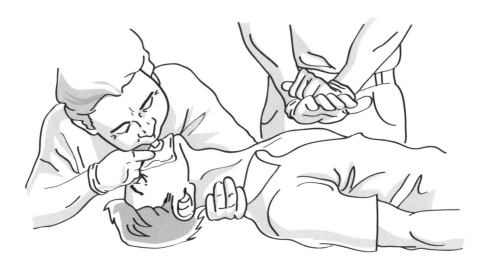

Técnica de compressão torácica em vítimas crianças de 1 ano de idade à puberdade
- Colocar duas mãos ou uma mão para realizar a compressão sobre o esterno.
- Comprimir o esterno cerca de 5 centímetros.
- O ritmo de compressões deve ser de 100 a 120 por minuto.
- Manter as compressões e ventilações na *frequência de 30:2*.

Técnica de compressão torácica em vítimas bebês com menos de 1 ano, excluindo recém-nascidos
- Comprimir o esterno usando a polpa digital dos dedos médio e anelar cerca de 4 centímetros.
- O ritmo de compressões deve ser de 100 a 120 por minuto.
- Manter as compressões e ventilações na *frequência de 30:2*.

Obs.: consultar as demais orientações nas atualizações das diretrizes de RCP e ACE da American Heart Association 2015 e 2020.

Treinamentos teóricos e práticos para brigadas

Para os treinamentos teóricos e práticos de primeiros socorros e combate a incêndios das brigadas, deverão ser observados os conteúdos didáticos estabelecidos nas Instruções Técnicas dos Corpos de Bombeiros de cada estado da federação. No caso do Estado de São Paulo, deverá ser obedecida a Instrução Técnica nº 17/2019 – Brigada de Incêndio.[1]

Os instrutores deverão consultar as legislações em vigor e os manuais técnicos especializados referente aos assuntos.

Equipamentos utilizados por socorristas na área de resgate

Atenção: Todos os equipamentos de resgate devem ser utilizados por profissionais devidamente habilitados e treinados conforme normas e legislação vigente.

MACA

Tipo de cama rígida ou de lona para transportar doentes ou acidentados. A maca é utilizada para transportar vítimas para a ambulância ou um local seguro. Existem vários tipos de macas, por exemplo, feitas de lona, de madeira resistente, ortopédicas e diversos outros utilizados em operações de resgate.

---

[1] Disponível em: http://www.ccb.polmil.sp.gov.br. Acesso em: jun. 2021.

COLAR CERVICAL

O colar cervical é um equipamento médico usado para imobilizar a medula espinal e suportar a cabeça do paciente. Para o emprego do colar cervical, o socorrista deverá ter treinamento específico ministrado por profissional devidamente habilitado.

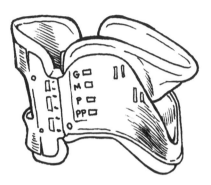

Existem vários tipos e modelos de colar cervical, mas, de forma geral, na sua utilização devemos observar:

- **O tamanho no paciente**: é importante o uso do tamanho apropriado. O colar muito pequeno poderá não promover a imobilização necessária, enquanto o colar muito grande poderá ocasionar uma hiper-extensão cervical no paciente. A escolha do tamanho ideal para o paciente é feita calculando-se a distância entre uma linha imaginária no ombro onde o colar ficará apoiado e a base do queixo.

- **A medida do tamanho do colar**: a medida exata do colar é a distância entre o ponto de referência (fixação) e a borda inferior do plástico rígido e não até o acolchoado de espuma.

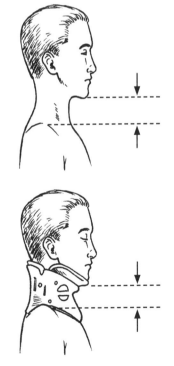

- **Medida do tamanho no paciente:** quando o paciente se encontra em posição neutra cervical, use seus dedos para visualizar a distância entre o ombro e o queixo.

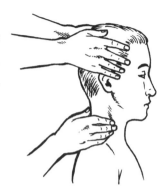

- **Medida do tamanho no colar:** você pode usar seus dedos para escolher o tamanho do colar cervical mais adequado para o paciente.

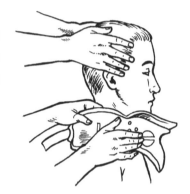

Aplicações

- **Posicionando o apoio mentoniano:** com a cabeça do paciente em alinhamento neutro, posicione o apoio mentoniano deslizando o colar para cima do tórax. Tenha certeza de que o mento está bem apoiado pelo suporte mentoniano. Dificuldade em posicionar o suporte pode indicar a necessidade de um colar menor.

- **Fechamento do velcro e regulagem para trilhos e preso em botões:** revise novamente a posição da cabeça do paciente e do colar, certificando-se de que o alinhamento está adequado. Tenha certeza de que o queixo do paciente cobre a fixação central no suporte mentoniano. Se isso

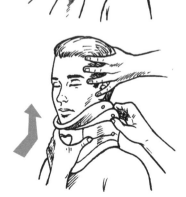

não acontecer, aperte o colar até que o suporte apropriado seja obtido. Selecione um colar cervical menor, caso você perceba que, apertando muito o colar, poderá levar a uma hiperextensão.

- **Paciente em posição supina**: se o paciente estiver deitado, comece colocando a posição posterior do colar atrás do pescoço do paciente. Certifique-se de que a fivela de velcro não está dobrada, evitando assim problemas ao prendê-la.

- **Utilização alternativa em posição supina**: uma alternativa é começar pelo posicionamento do apoio mentoniano e então deslizar a porção posterior do colar atrás do pescoço do paciente.

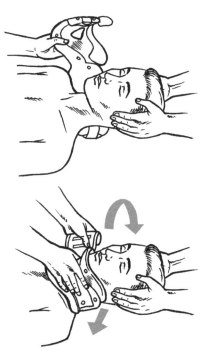

Ajuste final e desmontagem do colar

- **Ajuste final do colar**: uma vez posicionado, mantenha o colar no lugar segurando o orifício cervical central como mostra a figura a seguir. Você pode evitar torções cervicais usando o orifício central como ponto fixo, enquanto prende e ajusta a fita de velcro e a regulagem em trilhos com botões.

- **Desmontagem do colar**: o colar cervical resgate pode ser desmontado por meio da retirada da fixação preta do orifício do ponto de referência.

TALAS DE IMOBILIZAÇÃO

Definição de tala

A tala é um dispositivo utilizado para manter a estabilidade de alguma parte do corpo visando evitar agravamento de uma lesão.

Considerações gerais

O objetivo da tala é proteger uma parte lesionada do corpo, evitando maiores danos, até que se tenha assistência médica. Verifique sempre a circulação da vítima logo depois de imobilizar a parte afetada.

Costuma-se usar talas comerciais para imobilizar um órgão durante o tratamento de várias condições.

As talas podem ser usadas para diversas lesões. Sempre que houver um osso fraturado, é importante imobilizar a área. Existem inúmeros tipos e modelos de talas, com diversos tipos de materiais. São muito utilizadas as talas aramadas moldáveis pela sua facilidade de adaptação ao local da fratura.

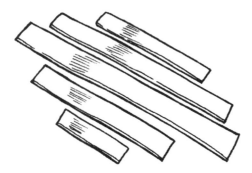

Talas aramadas

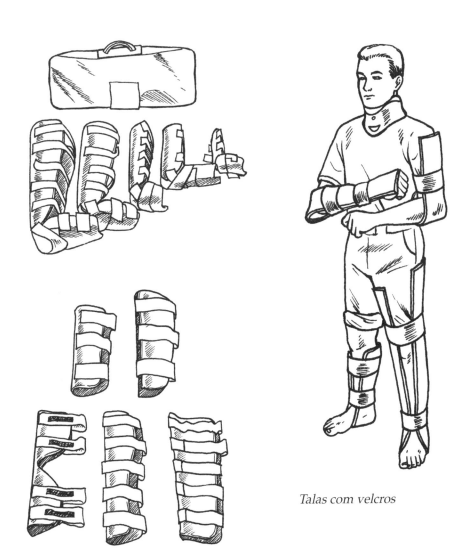

Talas com velcros

MÁSCARAS FACIAIS

Máscaras faciais: são máscaras de formato piramidal, adaptadas à face para conter o nariz e a boca. Possuem uma borda que veda a saída de ar, um corpo e conector para um Ambu ou aparelhos anestésicos, permitindo assim introduzir ar, oxigênio ou gases anestésicos. Apresentam tamanhos variáveis.

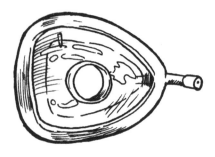
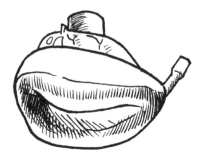

Ambu: Airway Maintenance Breathing Unit é uma bolsa dotada de válvula unidirecional, permitindo criar um fluxo contínuo por meio de sua compressão. A sua utilização deverá ser realizada por profissionais devidamente habilitados e treinados.

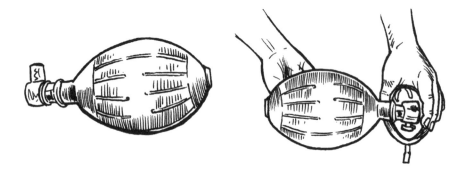

CÂNULAS ORAIS OU OROFARÍNGEAS

São objetos que têm como função manter a língua distante da parede posterior da faringe ou para proteger o tubo endotraqueal da compressão dos dentes.

Possuem tamanhos variados, sendo o mais adequado aquele que vai da rima bucal até o ângulo da mandíbula. Se a cânula for muito longa, ela poderá empurrar a epiglote e causar obstrução completa. Se for muito curta, poderá desviar a língua posteriormente e piorar a obstrução.

Para a introdução da cânula, poderemos abaixar a língua com uma espátula e inserir cuidadosamente seguindo a curvatura da língua e do palato. Outra maneira é a introdução da cânula pelo lado convexo contra a língua e rodar 180 graus dentro da cavidade oral.

A cânula só deverá ser utilizada por profissionais devidamente habilitados e treinados, em pacientes inconscientes ou anestesiados, pois caso contrário provocará tosse, vômito ou laringoespasmo.

COLETE IMOBILIZADOR (KED)

É um tipo de colete especial utilizado para a imobilização de vítimas nas operações de resgate em acidentes diversos. Em conjunto com o colar cervical, constitui um dos meios mais seguros para manuseio de vítimas, particularmente de acidentes automobilísticos que requerem cuidados rigorosos.

Confeccionado em material sintético, geralmente na cor verde e com hastes de madeira maciça, com uma camada de verniz. Possuem cinco cintos de segurança nas cores de padronização universal (amarela, vermelha e verde). Peso aproximado de 3.500 gramas, com largura superior a 50 centímetros. Possui madeira no vão central, mais larga, onde o apoio

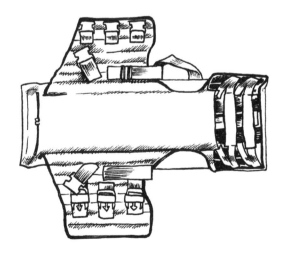

nas costas se fizer necessário com maior imobilização. Possui alças que permitem a movimentação em bloco da vítima na posição sentada com a coluna vertebral totalmente imobilizada.

Sua forma remodificada permite também uma simplicidade em sua colocação. Fechos são de material sintético nas cores pretas e brancas. Possui cinco pegas (alças) e permite limite de peso de paciente até 120 quilos. A sua utilização deverá ser realizada por profissionais devidamente habilitados e treinados.

DESFIBRILADOR AUTOMÁTICO EXTERNO (DEA)

É um equipamento portátil utilizado em parada cardiorrespiratória com objetivo de restabelecer ou reorganizar o ritmo cardíaco.

O DEA tem como função identificar o ritmo cardíaco FV ou a fibrilação ventricular, presente em 90% das paradas cardíacas. Efetua a leitura automática do ritmo cardíaco por meio de pás adesivas no tórax. Tem o propósito de ser utilizado por público leigo, com a recomendação de que o operador faça curso de suporte básico em parada cardíaca. Possui inúmeros modelos, dependendo do fabricante.

A desfibrilação é a aplicação de uma corrente elétrica em um paciente, por meio de um desfibrilador, um equipamento eletrônico cuja função é reverter um quadro de fibrilação auricular ou ventricular.

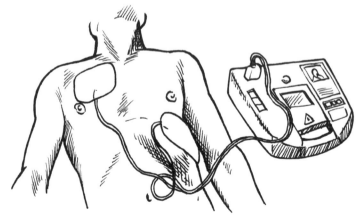

Desfibrilador automático externo (DEA)

Bibliografia

AMERICAN Heart Association. *Destaques da American Heart Association 2015: atualização das diretrizes de RCP e ACE. [S. l.]*: AHA, 2015.

_____. *Destaques das diretrizes de RCP e ACE de 2020 da American Heart Association. [S. l.]*: AHA, 2020.

ASOCIACIÓN Internacional de Capacitación de Bomberos. *Prácticas y teoría para bomberos.* 6ª ed. Oklahoma: T SFPPOSU, 1991.

ASSOCIAÇÃO Brasileira de Normas Técnicas. *NBR 14.276: brigada de incêndio e emergência – requisitos e procedimentos.* Rio de Janeiro: ABNT, 2020.

_____. *NBR 14.608: bombeiro civil – requisitos e procedimentos.* Rio de Janeiro: ABNT, 2021.

_____. *Projeto de Normas para a Brigada de Incêndio.* CB-24.

BACHTHER, Joseph R. & BRENNAN, Thomas F. (orgs.). *The Fire Chief's Handbook.* 5ª ed. Pennwell: s/ed., 1990.

BRASIL. Conselho Nacional do Petróleo. Resolução nº 8, de 21 de setembro de 1971 (menciona brigada de incêndio).

_____. Decreto-lei nº 5.452, de 1º de maio de 1943. Consolidação das Leis do Trabalho.

_____. Ministério do Trabalho. Portaria nº 31, de 6 de abril de 1954.

_____. Ministério do Trabalho. Portaria nº 3.214, de 8 de junho de 1978. Normas Regulamentadoras nos 23 e 26 da Consolidação das Leis do Trabalho, Segurança e Medicina do Trabalho.

_____. Ministério do Trabalho. Portaria nº 3.237, de 27 de julho de 1972. Artigo 11, incisos 10, 25 e 26.

COMISSÃO de Estudos CB 202102 – CB 24 – ABNT. Estuda o projeto de norma para o Plano de Segurança contra Incêndio – Procedimento.

CURSO de Emergência de Segurança do Trabalho. Ed. rev. e ampl. vol. 6 e separata. São Paulo, 1981.

ESTADO de São Paulo. Decreto nº 46.076/01. Institui o Regulamento de Segurança contra Incêndios das edificações e áreas de risco.

_____. Decreto nº 63.911, de 10 de dezembro de 2018. Institui o Regulamento de Segurança contra incêndios das edificações e áreas de risco no Estado de São Paulo e dá providências correlatas.

_____. Instruções Técnicas do Decreto nº 63.911, de 10 de dezembro de 2018.

_____. Projeto de Lei Complementar nº 68/93. Institui o Serviço de Proteção contra Incêndios e Emergências. Contempla em tal serviço a organização de Brigadas de Incêndio.

FUNDACENTRO. *CIPA – Curso de treinamento.* 2ª ed. São Paulo, 1983.

GOLD, David T. *Fire Brigade Training Manual.* Quincy: NFPA, 1988.

INTERNATIONAL Fire Service Training Association. *Public fire education.* s/ed., 1990.

IPI. *Regulamentação da segurança contra incêndio.* Dezembro de 1992.

ITSEMAP do Brasil 8/2. *Organização da segurança nas empresas.* Abril de 1996.

_____ 8/3. Brigada de combate a incêndio e plano de emergência nas empresas.

MUNICÍPIO de São Paulo. Decreto nº 32.329, de 23 de outubro de 1992. Anexo 17. Código de Obras e Edificações.

_____. Lei nº 11.228, de 15 de junho de 1992. Anexo 17. Prevê que as edificações que forem adaptadas devem possuir Brigada de Incêndio.

_____. *Normas para segurança de edificações.* Série Legislação. Atualizada.

_____. Secretaria da Habitação e Desenvolvimento Urbano. Orientação Normativa nº 12/84.

_____. Secretaria da Habitação e Desenvolvimento Urbano. Requerimento de Auto de Verificação de Segurança (AVS). Laudo Técnico de Segurança. Folha 10. Campo D28. Trata da exigência de equipe de prevenção e combate a incêndio.

NATIONAL Fire Protection Association. *Fire Protection HandBook.* 16. Quick (Massachusetts), 1984.

_____. *Manual de protección contra incendios.* 3ª ed. Madri: Mapfre, 1985.

_____. *Standard on Fire Brigades.* Quick (Massachusetts), 1986.

POLÍCIA Militar do Estado de São Paulo. Anteprojeto de Lei Complementar à Constituição do Estado de São Paulo. Artigo 23, parágrafo único, inciso XV. Institui o Código de Proteção contra Incêndios e Emergências do Estado de São Paulo. 19/12/1996.

_____. Corpo de Bombeiros. 3ª EM/CB. *Norma NFPA – 1001 – Qualificações do bombeiro profissional,* 1981.

_____. Corpo de Bombeiros. *Manual de bombeiros,* nº 3. 2ª ed. São Paulo, 1980.

_____. Corpo de Bombeiros. *Manual de fundamentos de bombeiros,* 30/11/1996, primeiros socorros, vol. 15.

_____. 2º Grupamento de Incêndio. Estudos sobre o Código Estadual de Proteção contra Incêndios e Emergências.

SEGURANÇA *e medicina do trabalho.* 28ª ed. São Paulo, Atlas.

SUSEP. Circular nº 006/92 – Superintendência de Seguros Privados.

ZEIDAM, Jackson Janir. *Atuação preventiva da brigada de incêndio na comunidade.* Monografia (Curso Superior de Polícia) – Centro de Aperfeiçoamento e Estudos Superiores da Polícia Militar. São Paulo, 1996.

Índice geral

Ação contra o fogo: prevenção e extinção	14
Acessórios complementares	88
Acidentes no lar	117
Agentes extintores	41
Água	41
Alarme de incêndio	110
Alguns esclarecimentos sobre classes de incêndios	37
Alguns itens que compõem o sistema de proteção contra incêndios	109
Alteração de A-B-C para C-A-B	182
Análise primária (primeiros socorros)	175
Análise secundária (primeiros socorros)	175
Aparelhos extintores de incêndio	45
Apresentação	11
Armação de linhas de mangueiras	90
Armar (escadas)	101
Atribuições da brigada de combate a incêndio	159
Atribuições específicas (principais) (brigada de incêndio)	160
Avaliação inicial (primeiros socorros)	174
Bibliografia	195
Bombeiro Profissional Civil	171
Brigadas de abandono	165
Brigadas de combate a incêndio	139
Cânulas orais ou orofaríngeas	192
Chave de mangueira	90
Chefe da assessoria (brigada de incêndio)	160
Chefe da brigada	160
Classes de incêndio	33
Colar cervical	187
Colete imobilizador (KED)	193
Como proceder corretamente ao trocar o botijão de gás	123
Componentes de uma brigada de abandono	167

Componentes do sistema residencial (GLP), Os	122
Composição da brigada de incêndio: critérios	152
Condomínios e residências	133
Conservação (das mangueiras)	84
Controle do programa de brigada de incêndio	157
Coordenador (brigada de incêndio)	160
Correlação dos agentes extintores com as classes de incêndio	71
Critério fiscalizador: equipamentos instalados	153
Critério para formação: população fixa por pavimento ou compartimento	152
Critérios básicos para a seleção de candidatos à brigada	155
Cuidados ambientais no combate a incêndios e atendimento das emergências	146
Cuidados (mangueira)	83
Currículo básico do curso de formação de brigadista de incêndio	156
Dados técnicos sobre extintores de incêndio	61
Definição e funções (Bombeiro Profissional Civil)	171
Definições (brigada de incêndio)	149
Derivante	89
Desarmar (escadas)	103
Desfibrilador automático externo (DEA)	194
Detector automático de incêndio	112
Diferentes formas de combustão	20
Dilatação dos corpos pela ação do calor	28
Dispositivos especiais	78
Distância para o combate a incêndio com extintores	60
Documentação (condomínios e residências)	136
Elementos que compõem o fogo	15
Eletricidade (teoria do fogo)	28
Eletricidade, A (acidentes no lar)	117
Enrolamento de mangueiras	87
Equipamento de proteção individual e respiratória do bombeiro/brigadista	115
Equipamentos e sistemas de proteção contra incêndio	99
Equipamentos utilizados por socorristas na área de resgate	186
Escada de emergência	111
Escadas	99
Esguicho	88
Esguicho aplicador de neblina	89
Esguicho regulável	88
Esguicho tipo agulheta	88
Espuma	42
Exercícios simulados	158
Extintores de incêndio	41

Extintores portáteis	48
Extintores sobre rodas (carretas)	66
Formação das brigadas de combate a incêndio	142
Formas básicas de ataque ao fogo	97
Funções básicas das brigadas	146
Gás liquefeito de petróleo (GLP), O	120
Hidrantes	73
Hidrantes de coluna	74
Hidrantes de parede	74
Hidrantes e mangueiras	75
Hidrantes subterrâneos	73
História dos extintores de incêndio	45
Histórico (das mangueiras)	80
Iluminação de emergência	109
Incêndio classe "B"	35
Incêndio classe "C"	36
Incêndio classe "D"	37
Introdução (brigadas de combate a incêndio)	139
Líder de brigada	161
Linha de mangueira	83
Maca	186
Maiores causadores de incêndio no lar, Os	129
Mangueiras	80
Máscaras faciais	191
Materiais das mangueiras	82
Material de arrombamento, corte e remoção	106
Métodos de extinção do fogo	22
Nota do editor	7
Objetivo específico (brigada de incêndio)	149
Objetivo geral (brigada de incêndio)	149
Objetos pontiagudos e cortantes, Os	127
Organograma básico das equipes	148
Organograma da brigada de incêndio	143
Parada cardíaca	180
Parada respiratória	178
Planejamento da brigada de incêndio	149
Plano de atuação da brigada de incêndio	162
Pontos e temperaturas importantes do fogo	24
Porta corta-fogo	111
Posição dos bombeiros nas linhas de ataque	98
Prefácio	9
Prescrições gerais para o uso da escada	106

Primeiros socorros	173
Princípios básicos (brigada de incêndio)	155
Procedimentos básicos de abandono	169
Procedimentos básicos de emergência	162
Produtos de limpeza e os produtos químicos, Os	127
Propagação do fogo	28
Quedas, As	128
Recomendações gerais (brigada de incêndio)	170
Recursos materiais básicos para uma brigada	161
Redução	89
Registro de recalque	77
Regularização de um imóvel, A	133
Remédios, Os	126
Respiração boca a boca (adultos)	178
Respiração boca a boca (crianças)	180
Ressuscitação cardiopulmonar (RCP)	181
Reuniões extraordinárias (brigada de incêndio)	158
Reuniões ordinárias (brigada de incêndio)	157
Saídas de emergência	113
Sinais vitais	176
Sinalização normatizada para hidrantes	78
Sistema de segurança contra incêndios, O	133
Sprinklers (chuveiros automáticos)	78
Subir e descer (escadas)	103
Suporte básico de vida (SBV) para profissionais de saúde	184
Talas de imobilização	190
Teoria do fogo	13, 15
Tipos de acoplamento	82
Tipos de brigadas	141
Tipos de hidrantes	73
Tipos de jato de água	94
Tipos de linha de ataque	90
Transporte (de escadas)	99
Transporte de mangueiras	86
Treinamentos teóricos e práticos para brigadas	186
Vidros e os pratos, Os	129

Extintores portáteis	48
Extintores sobre rodas (carretas)	66
Formação das brigadas de combate a incêndio	142
Formas básicas de ataque ao fogo	97
Funções básicas das brigadas	146
Gás liquefeito de petróleo (GLP), O	120
Hidrantes	73
Hidrantes de coluna	74
Hidrantes de parede	74
Hidrantes e mangueiras	75
Hidrantes subterrâneos	73
História dos extintores de incêndio	45
Histórico (das mangueiras)	80
Iluminação de emergência	109
Incêndio classe "B"	35
Incêndio classe "C"	36
Incêndio classe "D"	37
Introdução (brigadas de combate a incêndio)	139
Líder de brigada	161
Linha de mangueira	83
Maca	186
Maiores causadores de incêndio no lar, Os	129
Mangueiras	80
Máscaras faciais	191
Materiais das mangueiras	82
Material de arrombamento, corte e remoção	106
Métodos de extinção do fogo	22
Nota do editor	7
Objetivo específico (brigada de incêndio)	149
Objetivo geral (brigada de incêndio)	149
Objetos pontiagudos e cortantes, Os	127
Organograma básico das equipes	148
Organograma da brigada de incêndio	143
Parada cardíaca	180
Parada respiratória	178
Planejamento da brigada de incêndio	149
Plano de atuação da brigada de incêndio	162
Pontos e temperaturas importantes do fogo	24
Porta corta-fogo	111
Posição dos bombeiros nas linhas de ataque	98
Prefácio	9
Prescrições gerais para o uso da escada	106

Primeiros socorros	173
Princípios básicos (brigada de incêndio)	155
Procedimentos básicos de abandono	169
Procedimentos básicos de emergência	162
Produtos de limpeza e os produtos químicos, Os	127
Propagação do fogo	28
Quedas, As	128
Recomendações gerais (brigada de incêndio)	170
Recursos materiais básicos para uma brigada	161
Redução	89
Registro de recalque	77
Regularização de um imóvel, A	133
Remédios, Os	126
Respiração boca a boca (adultos)	178
Respiração boca a boca (crianças)	180
Ressuscitação cardiopulmonar (RCP)	181
Reuniões extraordinárias (brigada de incêndio)	158
Reuniões ordinárias (brigada de incêndio)	157
Saídas de emergência	113
Sinais vitais	176
Sinalização normatizada para hidrantes	78
Sistema de segurança contra incêndios, O	133
Sprinklers (chuveiros automáticos)	78
Subir e descer (escadas)	103
Suporte básico de vida (SBV) para profissionais de saúde	184
Talas de imobilização	190
Teoria do fogo	13, 15
Tipos de acoplamento	82
Tipos de brigadas	141
Tipos de hidrantes	73
Tipos de jato de água	94
Tipos de linha de ataque	90
Transporte (de escadas)	99
Transporte de mangueiras	86
Treinamentos teóricos e práticos para brigadas	186
Vidros e os pratos, Os	129